化学有故事

[美] 山姆·基恩 著
左安浦 译

关于元素周期表的
历史、竞争和冒险的真实故事

U0222888

中信出版集团 | 北京

图书在版编目（CIP）数据

化学有故事 /（美）山姆·基恩著；左安浦译. --
北京: 中信出版社, 2022.9
　书名原文: The Disappearing Spoon
　ISBN 978-7-5217-4490-3

Ⅰ. ①化… Ⅱ. ①山… ②左… Ⅲ. ①化学—少儿读
物 Ⅳ. ①O6-49

中国版本图书馆CIP数据核字（2022）第102522号

化学有故事

著　者：［美］山姆·基恩
译　者：左安浦
出版发行：中信出版集团股份有限公司
　　　　　（北京市朝阳区惠新东街甲 4 号富盛大厦 2 座　邮编　100029）
承 印 者：北京盛通印刷股份有限公司

开　本：880mm×1230mm　1/32　　印　张：7.5　　字　数：300千字
版　次：2022 年 9 月第 1 版　　　　印　次：2022 年 9 月第 1 次印刷
京权图字：01-2022-2565
书　号：ISBN 978-7-5217-4490-3
定　价：42.00 元

出　品　中信儿童书店
图书策划　红披风
策划编辑　陈瑜
责任编辑　李银慧
助理编辑　车颖
营销编辑　张旖旎　易晓倩　李鑫橦
装帧设计　门乃婷工作室

目录

导读 / III

引言 / IX

1 制作元素周期表：行行和列列

第一章　怎样定位元素 / 003

第二章　元素周期表之父 / 015

第三章　全家福：元素的家谱 / 029

2 制造原子，破坏原子

第四章　原子从哪儿来：我们都是星辰之子 / 041

第五章　战争年代的元素 / 049

第六章　填写元素周期表……砰的一声 / 061

第七章　扩展元素周期表 / 075

3 错误和竞争

第八章　糟糕的化学 / 089

第九章　投毒者的走廊 / 099

第十章　每天俩元素，疾病远离我 / 109

第十一章　元素也会骗人 / 119

4 元素和人性

第十二章　元素和政治 / 129

第十三章　元素和货币 / 143

第十四章　元素与艺术 / 153

第十五章　一种疯狂的元素 / 163

5 元素科学的今天和明天

第十六章　零摄氏度以下的化学 / 177

第十七章　泡泡科学 / 185

第十八章　精密到"荒唐"的工具 / 191

第十九章　元素周期表之外 / 203

元素周期表 / 212

致谢 / 215

词汇表 / 217

导读

　　科学家可以用一张表格描述整个宇宙中的绝大多数故事。

　　这张表格是"元素周期表"，表上 118 个格子（准确说是 120 个）中的 118 个元素，几乎囊括了人类迄今为止发现的所有物质。另一方面，在宇宙大爆炸以后，几乎每一个重要的瞬间，都离不开它们的身影。从恒星中氢和氦的聚变，到人类制造出的一些特大号元素，每一个故事都精彩绝伦。

　　《化学有故事》这本书，英文书名是 *The Disappearing Spoon* 意为"消失的勺子"，题目取材于一个对很多人而言都有些陌生的元素——镓。这个元素排在周期表的第 31 位，而铝则位于它上方的格子里。根据周期律不难得知，铝和镓有某种相似性。事实也的确如此，仅仅从外观上看，很难区分这两种金属，但只要有一杯热咖啡，就能变一个奇妙的魔术。

镓的熔点不超过 30℃，这意味着即便把它放在手心，它也会变成一摊金属色泽的液体。如果把镓做成的勺子放到热咖啡里，接触到咖啡的那部分很快就会消失，这样的恶作剧会让人印象深刻——"消失的勺子"便得名于此。

但这只是"消失"的内涵之一。镓元素的另一次"消失"，和这整张元素周期表有关。

1869 年，门捷列夫正式公布了他所编制的元素周期表，囊括了当时所发现的 60 多种元素。相比于前人绘制过的周期表，门捷列夫的这一张剔除了很多谬误，更加精确。但是，真正让门捷列夫斩获"元素周期表之父"这一美名的，却是几个并没有在这张周期表上出现的元素。门捷列夫相信这些元素存在，并根据他所掌握的元素周期律预测了它们的性质。

这个故事，在《化学有故事》这本书中早早出现，因为它衔接起书中最重要的暗脉，也就是人们到底怎样去看待元素之间的这些规律。

最先解答这个问题的元素便是镓，它是门捷列夫预测的其中一种新元素。当然，对门捷列夫而言，这是一个"消失"的元素，渺无踪影，也未知其名。门捷列夫意识到，这个未知的元素一定和铝有着相似的特征，故而命名为"类铝"。

6年后，法国科学家德布瓦博德兰发现了一种和铝相似的元素并命名为镓。在门捷列夫绘制出元素周期表后，这是人类发现的第一种新元素。但是在这个时候，除了门捷列夫本人，几乎没有多少科学家会把这两件事联系在一起，尤其是春风得意的德布瓦博德兰。

元素发现史上或许最精彩的一场辩论就此展开。门捷列夫指出这个镓便是在他元素周期表上"消失"的"类铝"，而德布瓦博德兰也不甘心承认他的新发现居然早在数年前就被人预测到。双方的争论逐渐失控，话题从科学本身蔓延到学术道德的攻讦，甚至演变成俄法两国的荣誉之争。

好在这场辩论最终还是重新回到科学的语境之中，门捷列夫指出德布瓦博德兰在测量方面存在错误，有些数据并不准确。门捷列夫最终大获全胜，德布瓦博德兰重新测定以后，撤回了原来的数据。

这场辩论产生的效应远不只是发现镓这样一个新元素。科学哲学家兼历史学家埃里克·塞利说："科学界震惊地注意到，理论家门捷列夫比发现新元素的化学家更清楚地看到了新元素的性质。"

在此之后，元素周期表成为化学家们最值得依赖的工具，《化学有故事》也自此之后开始了天马行空的冒险。这也是作者想要带给读者的体验，正如本书封面宣传语所说的那样——关于元素周期表的历史、竞争和冒险的真实故事。

整本书分了五大板块共十九章。从结构设计来说，的确很像是一场冒险的游戏，相互之间似乎没有联系，却又浑然一体，虽是冒险，阅读起来却备感轻松。

但是读完之后，绝不会只是收集到一些趣味知识聊以自慰，倒是会勾起一丝对科学的反思。

比如疯狂诗人罗伯特·洛厄尔，他用常人难以企及的想象力创作诗篇，震惊了世人。人们不仅接受他那些荒诞不经的行为，甚至相信所有的这些滑稽不过是一位疯狂诗人该有的模样。然而，真相却让人唏嘘，洛厄尔的大脑中因为化学反应失调，引发了精神疾病，他的疯狂，不过是双相情感障碍的外露。但这还不是整个故事中最让人唏嘘的地方。1967年，锂元素作为一种精神治疗药物引入美国，洛厄尔接受治疗，生活也因此变得稳定。只不过，他的灵感也因此消失，再怎么用心创作的诗篇，也不再灵动，甚至不得不从友人的信件中盗用诗句。尽管此后的这些诗篇也让他荣获了普利策文学奖这样的大奖，但是却鲜有人关注，人们只在乎他发狂时创作的那些作品。

平静的庸才，发狂的诗人，到底哪一种状态更让人绝望？对大部分人而言，这并不是一个选择题。

我们能够选择的，是当荣誉或危险摆在面前时，自己会做何选择。尽管趋利避害是人的本能，但在科学史上，却涌现出大批逆势而动的科学家，他们由此发现了新元素、放射性或抗生素，人类因他们而向前一步。也有不少科学家展现出恶魔的一面，或侵占了他人的研究成果，或间接参与了惨绝人寰的屠杀。点点滴滴，都可以在《化学有故事》中找到。

这是科学史上的"真实故事"，我们都是见证者。

孙亚飞

引 言

20世纪80年代初，我还是一个小孩子，喜欢对着嘴里的东西自言自语，比如食物、牙医用的管子和嘴里在吹的气球等。就算周围没有人，我也会喋喋不休。当我第一次独自一个人舌头下含着温度计的时候，正是这种习惯让我爱上了元素周期表。我在二年级和三年级时，会经常患链球菌性咽炎，大约有十几次，每次都会一连几天一吞咽时就会感觉疼痛。我并不介意待在家里，用香草冰激凌和巧克力酱治病。而且，生病总是让我有机会打碎一根老式的水银温度计。

我躺在床上，舌头下含着温度计，大声地回答一个想象中的问题，这时温度计就会从我嘴巴里滑落，摔碎在硬木地板上，液态的水银会像轴承的滚珠一样散落在地。一分钟后，母亲就会冲进来，顾不上自己的髋关节炎，蹲坐在地板上，开始收拾这些小球。她就像玩曲棍球一样，拿一根牙签把这些灵活的小球扫到一起，它们差不多要紧挨着时，她突然轻轻一推，一个球体就会吞没另一个球体。原来的两个小球就会变成一粒颤抖的大珠子。母亲在地板上一遍又一遍地施展相同的魔法，大球逐个吞没其他小球，直到形成了一整颗银色的大扁豆。

等收集完所有的水银，母亲就会取下一个有绿色标签的塑料药瓶。我们把这个药瓶放在厨房的杂物架上，在握着钓鱼竿的泰迪熊和纪念 1985 年家庭聚会的蓝色陶瓷马克杯旁。她把水银小球滚到一个信封里，然后小心翼翼地将小球倒在瓶子里，和瓶子里原有的山核桃大小的球融为一体。有时候，在把瓶子藏起来之前，她会把水银倒在盖子里，让我和兄弟姐妹看看这种特殊的金属：它飞快地转动着，时而分裂，时而又完美地合为一体。

中世纪的炼金术士渴求黄金，但他们认为水银是宇宙间最有用、最富有诗意的物质。作为一个孩子，我同意他们的观点。我甚至和他们一样，相信水银里住着一个超凡脱俗的灵魂。

后来我知道，水银之所以展现这些特性，是因为它是一种元素。它不像水（H_2O）、二氧化碳（CO_2）或者日常生活中的各类东西，你不能轻松地把水银分解成更小的单位。事实上，水银是一种孤芳自赏的元素：水银原子只想与其他水银原子做伴，它们蜷缩成一个球体，尽量不与外界接触。我小时候洒的大部分液体并不像水银一样。如水会漫得到处都是，油、醋和化了的果冻也是如此。但水银不会留下一点儿痕迹。每次我把温度计摔碎在地上，我父母总是提醒我要穿鞋，以免那些看不见的玻璃碎片扎伤了我的脚。但我不记得他们有没有让我小心那些游离的水银。

很长一段时间，我一直在留意学校和书本里的第80号元素，就像在报纸上关注一位儿时的朋友一样。我来自北美大平原（南达科他州），我在历史课上知道了著名的探险家刘易斯和克拉克[1]，以及他们穿越南达科他州和路易斯安那州等地区的事迹。最开始我并不知道，刘易斯和克拉克携带着600粒用水银等物质制成的泻药，每一粒都是阿司匹林药丸的4倍大。这种泻药名为"拉什医生的胆汁丸"，以本杰明·拉什的名字来命名。他是《独立宣言》的签署者，也是一位医学史上的英雄。他在1793年黄热病流行期间勇敢地留在了费城，据说他对任何疾病的治疗方法是给病人强行喂食含氯化汞的药，这种治疗方法经常使人们的牙齿和头发掉光。（谢天谢地，现在的医学好多

---

[1] 指美国探险家梅里韦瑟·刘易斯和威廉·克拉克，他们是首次穿越北美大陆到达西海岸的美国人。——译者注

了！）那么，我们是怎么知道刘易斯和克拉克有这些药丸的？他们不可避免会在野外吃下奇怪的食物，喝下不干净的水，他们的队伍里经常有人觉得吃坏了。直到今天，这帮人挖过茅坑的许多地方都还有汞的沉积物——也许是因为拉什医生的"霹雳"①太有效了。

水银最终出现在了科学课上。第一次看到杂乱的元素周期表时，我搜索过水银，但是没有找到。它位于金和铊之间——金和水银一样致密柔软，铊和水银一样有毒。但水银的符号是Hg，这两个字母都没有出现在它的英文名字"mercury"中。Hg源自拉丁语"*hydrargyrum*"，意思是"水做的银"。解开这个谜题后，我因此明白了元素周期表是如何受到古代语言和神话的影响。现在，科学家发现新的元素周期表位于最下面一行的超重元素时，仍然会使用拉丁文来为它们命名。

我在文学课上也发现了水银的身影。帽子制造商曾经用一种亮橙色的水银洗涤剂来分离毛皮，一些普通的帽匠就像《爱丽丝梦游仙境》这部电影里的"疯帽子"一样，因为整天在蒸汽大桶边干活，而逐渐失去了头发和智慧。我也终于明白了水银的毒性有多强。这也解释了为什么

---

① 一种泻药，是由甘汞、氯等物质配制而成的专利药，被拉什医生称为"霹雳"或"雷声"。——编者注

"拉什医生的胆汁丸"可以很好地清理肠道：身体会尽量去清除毒素，包括水银。服用的水银有毒，吸入含水银的空气更糟糕，它会"磨损"中枢神经系统的"线路"，在大脑中"烧"一个洞，导致的体征就像阿尔茨海默病晚期一样。

但我越了解水银的危险，它的毁灭之美就越吸引我——正如威廉·布莱克诗中的"老虎！老虎！火一样辉煌"所展现的情绪一样。这些年来，我的父母重新装修了厨房，拆掉了放马克杯和泰迪熊的架子，把杂物装进了一个纸箱里。我最近一次去翻看时，翻出了那个有绿色标签的瓶子，打开了它。我把它前后摇晃，感觉到水银的质量，它在一个圈圈里滑动。我从外缘往里看，眼睛盯着那些溅在主河道两边的小碎片。它们就在瓶底，闪闪发光，完美得仿佛是幻想中的水珠。在整个童年时期，我都把洒出来的水银和发烧联系在一起。这一次，我知道了这些小球体的化学分子结构中有惊人的对称性，它的毒性令我感到一阵寒意。

从这种元素中，我学到了历史学、词源学、炼金术、神话学、文学、毒药、法医学和心理学等学科或领域的知识。我还搜集了很多关于元素的故事，尤其是我在大学里埋头于科研之后。我发现有些教授很喜欢在研究之余聊一点儿科学界的八卦。

我是一名渴望逃离实验室去写作的物理学专业的学生。我们班上有很多一本正经又才华横溢的年轻科学家，他们热爱我所讨厌的试错法实验，在他们中间我很痛苦。我在明尼苏达州度过了寒冷的五年，最终获得了物理学荣誉学士学位。虽然我在实验室里待了数百个小时，记住了数千个方程，绘制了数万张图表，但真正让我受益匪浅的教育是教授们讲的那些故事：甘地的故事、哥斯拉的故事、科学家认为自己已经疯了的故事、把易爆的钠块扔进水里炸鱼的故事、在航天飞机里人们满怀喜悦却因氮气窒息而亡的故事。还有大学里一位前任教授的故事：他用自己胸腔里含核动力钚元素的心脏起搏器来做实验，他站在巨大的磁线圈旁，利用线圈使起搏器加速或减速。

我痴迷于这些故事。最近，我在早餐时想起了水银，意识到元素周期表上的每一种元素都有一个个或有趣、或奇怪或惊悚的故事。同时，元素周期表也是人类最伟大的智力成果之一。这是一项伟大的科学成就，也是一本有趣的故事书。我写这本书就是要把它一层层剥开，就像解剖书的透明切片一样，在不同的深度讲述着相同的故事。在最浅层，元素周期表列出了我们宇宙中所有不同种类的物质，我们所看到和摸到的一切，都是由这一百多种个性鲜明的元素所组成的。元素周期表的结构也提供了各种科学线索，告诉我们这些个性要如何相互融合。在更深层，元素周期表编码了各种各样的鉴别信息，包括每种原子的来源，以及哪些原子可以分裂或嬗变成不同的原子等。这些原子也自然地结合成了各种动态的系统，比如生物。元素周期表预测了它们如何结合。它甚至预测了哪些邪恶的原子可以毒害或毁灭生物。

最后，元素周期表是人类学上的奇迹，是反映了人类所有美好、巧妙和丑陋的工艺品，它反映了人类如何与物质世界互动，即人类以简洁而优雅的方式书写着历史。我们有必要研究它的每一个层次，从最基本的开始，逐渐往复杂的层面移动。元素周期表的故事除了带来乐趣，也提供了一种理解它的方式，这种方式从未出现在教科书或实验室手册中。通过这本书，你会发现：我们的饮食和呼吸依赖于元素周期表；人们拿它下注，损失惨重；哲学家用它探究科学的意义；它让人中毒；它酿成战争，等等。它左上角的元素是氢，它的底部潜伏着不可思议的人造元素，在这二者之间，你还可以找到泡沫、炸弹、毒素、金钱、炼金术、狭隘的政治、历史、犯罪以及爱的身影，甚至还有一些科学。

1

制作元素周期表：

行行和列列

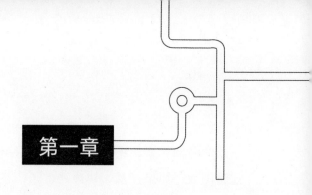

第一章

怎样定位元素

　　一想到元素周期表，你可能会回忆起科学课教室的墙上挂着的那一幅多行多列的图表。你也许在课堂上谈论过它，甚至在测验和考试中用过它。遗憾的是，即使老师让你用，这张巨大的小抄似乎也没有多大的帮助！但这张图表和里面的每一块方格都装满了待破译的密码。

　　一方面，元素周期表排列整齐；另一方面，它的有些地方标示着冗长的数字和缩写，仿佛是电脑屏幕上出现的乱码（$[Xe]6s^24f\ ^15d^1$）一样。如果把这个图表中一切的杂乱都清理掉，它会是什么样子的呢？是不是有点像城堡，那起伏不平的主墙两边有两个高高的塔楼。元素周期表有18个纵列和7个横行，最下面还另有两行。

　　城堡由"砖"建成，但每一块砖都各不相同。每一块砖都表示一种元素，或者说一种物质（目前有118种已经正式命名的元素，还有少数几种即将出现），它们构成了这张图表。如果任意一块砖错位了，整座城堡就会崩塌。这一点儿也不夸张：如果科学家判定某种元素应该处在另一个位置，或者某两种元素的位置可以互换，那么整座城堡就会摇摇欲坠。这张图表中的所有元素都以特定的方式组合在一起。

这张图表中约75%的"砖"是金属，这意味着大多数元素在室温下是冰冷的灰色固体。图表中右边的几列中含有气体。图表中只有两种元素在室温下是液体，它们是汞[2]（80号元素）和溴（35号元素）。在金属和气体之间，

---

① 一种带正电的粒子，是各种元素的原子核的组成部分，原子核中所含的质子数等于该元素的原子序数。——编者注

② 汞就是水银。作为一种元素时，译文会统一使用汞（学名），但有时候为了行文方便，译文中也会使用水银（俗名）。——译者注

大约相当于在美国地图中肯塔基州的位置，有一些奇异的元素具有古怪的性质，例如它们可以制造出强酸，这要比锁在学校化学品供应室的酸的酸性强无数倍。

元素究竟是什么

元素（element）这个术语的出现最早可以追溯到古希腊。它是由哲学家柏拉图提出的一个词（源自希腊语中的"*stoicheia*"一词）。当然，柏拉图并不知道化学意义上的元素，他用这个词是来指代气、水、土、火这四种物质。

例如，氦（2号元素）就很好地体现了元素的性质，即不能通过一般的化学反应来分解或改变该元素。举个例子，我们所说的二氧化碳不是一种元素，因为一个二氧化碳分子可以分解成碳原子（6号元素）和氧原子（8号元素）。但碳和氧都是元素，必须将其摧毁才可能分解它们。

科学家花了2200多年才最终弄清楚了元素到底是什么，这仅仅是因为，仅碳原子就出现在了数千种不同的化合物中，而这些化合物都具有不同的性质，令人很难看出碳到底由什么组成。这有点像巧克力冰激凌和巧克力饼干的区别。它们都是用巧克力做的，但其他所有方面都不相同（尽管它们通常都很美味）。几乎所有的元素都会与其他元素结合成化学键从而生成化合物，因此我们很难看到纯元素本身的样子。如果当初科学家最先是了解了氦，可能就会马上知道元素到底是什么了。因为氦只以纯元素的形式存在，它没有任何的化合物。

1911年，一位荷兰科学家用液氦冷却汞，发现在约-269℃时，汞失去了所有的电阻，变成了理想导体（超导体）。这类似于把苹果手机冷却到零下几百摄氏度时，你会发现只要氦一直保持低温，电池的电量就永远是满的。1937年，一个由苏联与加拿大人组成的团队用纯氦做了一个更奇妙的实验。当他们将纯氦冷却到约-271℃时，氦变成了超流体，即流动时没有了阻力。超流体的氦无视地心引力，可以向上流动，越过墙壁。即使是柏拉图也不会想到，这么酷的事情竟然会发生在现实生活中。

氦有这种性质是有原因的。每一种元素都由单一种类的原子组成。所有原子都有一种带负电的粒子，叫电子。电子处于原子内部的不同能级上。每个能级都需要填充一定数量的电子才能完整。原子的最内层需要两个电子，其他能级需要的电子数不一样。在原子中，带负电的电子和带正电的质子数量相等，正负电荷抵消了，所以原子是电中性的。然而，电子可以在原子之间交换，当原子失去或得到电子时，它就会形成带电荷的粒子[①]，叫离子。

可以说，电子是原子中最重要的部分之一。它们几乎占据了原子的所有空间，就像是围绕着原子核的"云"。原子核是原子的微小核心。如果把一个原子放大到橄榄球场那么大，原子核的大小就会像橄榄球场中五十码线上的一个网球一样。

重要的是，我们要知道，原子会用自己的电子尽量地填充内部的较低能级，但在发生化学反应时，它们必须失去、获得或共享电子，以确保最外层的电子数是正确的。氦恰好有足够的电子填满唯一的能级，因此不需要与其他原子相互作用，也不需要失去、获得或共享电子。这就使氦非常独立，甚至可以说非常"高贵"[②]。

针对电子的研究是破译元素周期表的密码之一。在解释电子的行为方面，做得最好的是美国化学家吉尔伯特·路易斯。路易斯一生都在研究原子中的电子，特别是它们在酸和碱中的行为。在化学中，碱是酸的反义词。关于路易斯，他最为人所知的是，他是没得过诺贝尔奖的科

---

① 泛指比原子还小的粒子。随着科学的发展，科学家发现原子并非构成物质的最小单位，还有电子、质子、中子等更小的粒子。——编者注

② 氦是一种稀有气体（noble gas）。在英文中，"noble"也可以表示"高贵的"。——译者注

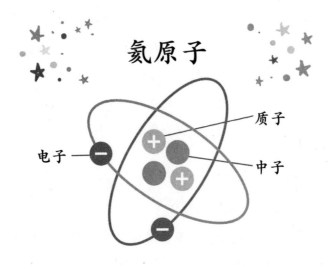

氦原子

质子

电子

中子

学家中非常伟大的一位，他曾41次获得诺贝尔化学奖提名，却一直未获奖，对此他也十分痛苦。他之所以没有获奖，部分是因为他没有发现非常令人惊叹的，能让你说一句"哇！那太神奇了！"的东西。相反，他用一生的时间完善了我们对电子的理解，这也在很大程度上帮助了未来的科学家继续攀登科学高峰。

大约在1890年前，科学家主要通过品尝或吮吸蘸了溶液的手指来鉴别酸和碱。嗯，这既不是好方法，也不是很科学！很快，科学家注意到，许多酸中都含有氢（1号元素），氢是最简单的元素，只有一个电子和一个质子。当盐酸（HCl）这样的酸与水混合时，它就会分裂成氢离子（H^+）和氯离子（Cl^-）。移去氢原子中带负电的电子，就只剩下一个质子，即H^+。像醋酸这样的弱酸溶液只有很少的H^+，而硫酸这样的强酸溶液会充满了H^+。

路易斯认为，酸的这种定义极大地限制了科学家，因为有些物质像酸一样，却不依赖于氢。他不再说释放出氢离子，而是强调氯离子带走了氢原子中的电子，就像是偷电子的贼。相反，碱（记住，在化学中，碱是酸的反义词）是给出电子或提供电子的一方。这就是路易斯理论：酸是电子对的受体，碱是电子对的供体。这个理论强调了电子的重要性，它也显示了元素周期表是依赖于电子研究的一个化学领域。

路易斯的酸理论已经有近百年的历史，科学家仍在用他的理论制造越来越强的酸。你可能知道，酸碱的强度由pH值衡量，数值越小表示酸性越强，数值越大表示碱性越强。2005年，新西兰的一位化学家发现了一种基于硼（5号元素）的酸，叫碳硼烷，其pH值为-18（对的，是负18！）。为了更清楚地比较，水的pH值是7，我们胃里的稀盐酸的pH值是1。pH值的数量级很奇怪，数值下降一个单位（例如，pH值从4减为3），酸的强度就会提升至少10倍。从pH值为1的胃酸，到pH值为-18的碳硼烷，这意味着碳硼烷的酸性强度是盐酸的100亿亿倍。

甚至还有酸性更强的基于锑（51号元素）的酸。锑的历史丰富多彩。公元前6世纪的巴比伦国王尼布甲尼撒，在不知情的情况下，用一种有毒的锑铅化合物把宫殿的墙壁涂成了黄色。他很快就疯了，睡在户外的田野里，像牛一样吃草，这也许并非巧合。后来，大约在19世纪，锑丸被用作泻药。不同于现代的药丸，这些坚硬的锑丸不会在胃里溶解，再加上价格昂贵，所以人们从粪便中寻找它们并重复利用。这实在有些令人作呕！有些自认为"幸运"的家庭甚至让儿子"继承"父亲的锑丸。

事实上，锑在医学上曾被大量使用，人们长久以来并没有意识到它的毒性。莫扎特的死，可能就是在高烧时服用了太多的锑。

对于酸和碱，以及电子的行为在元素周期表中的影响，我们已经了解很多了。但要真正理解这些元素，我们不能忽视占据其质量99%以上的那一部分——原子核。当原子发生化学反应时，原子核保持不变，只有电子在起作用。在原子核内部，带正电的质子的数量——元素周期表中每个方格中字母上方的整数（原子序数）——决定了原子的性质。换句话说，一种元素的原子，必须得到或失去质子，才能变成另一种元素的原子。

电子遵循的定律来自从未获得过诺贝尔奖的伟大的科

学家路易斯，原子核遵循的定律则来自有史以来原本最不可能获得诺贝尔奖的一位科学家玛丽亚·格佩特-梅耶。

玛丽亚于 1906 年出生于德国。尽管她的父亲是家里第六代教授，但玛丽亚还是很难说服一个博士项目录取一位女性，所以她在不同的学校之间奔波，尽可能地去听课。当她最终获得博士学位时，没有一所大学愿意雇她。她的丈夫约瑟夫·梅耶是访问德国的美国化学教授，玛丽亚必须通过她的丈夫才能进入科学领域。1930 年，她与丈夫一起回到美国的巴尔的摩市，改名格佩特-梅耶，开始跟着约瑟夫·梅耶一起工作和参加会议。不幸的是，丈夫在大萧条期间几次失业，一家人辗转去了纽约和芝加哥的大学。

大多数学校都容忍格佩特-梅耶在学校里闲逛，谈论科学。有些学校甚至"屈尊"给她工作，尽管他们不付报酬。给她的课题通常也是很"女性化"的，比如弄清楚颜色的成因之类的。第二次世界大战以后，芝加哥大学终于让她当上了物理学教授。她有了自己的办公室，但依然是没有工资。

最后，她和丈夫一起去了圣迭哥的一所新大学，这所大学给她发了工资。当时，她已经发现了"原子核壳层模型"，这将有助于科学家理解原子核的结构，但当时还是有人不把她视为真正的科学家。1963 年，当瑞典皇家科学院宣布她获得了职业生涯中的最高荣誉时，她所在的圣迭哥的报纸用这个标题庆祝了她的大日子：圣迭哥之母斩获诺贝尔奖。

位置，位置，位置

元素在元素周期表中的位置，是由原子序数（即质子的数量）决定的。这个位置非常重要，因为它的位置几乎决定了它在科学上的所有趣事。所以，除了把元素周期表想象成一座城堡，我们也可以把它想象成一张地图。

首先，在第18列，也就是最右边的一列，是一组被称为稀有气体的元素。许多化学家非常喜欢稀有气体。和元素的概念一样，对稀有气体的迷恋也可以追溯到柏拉图身上。这个对化学一窍不通的人，无疑对这门学科产生了巨大的影响。如果柏拉图知道元素是什么，他可能会选择元素周期表最东侧[①]的元素，尤其是氦，来作为自己的挚爱。

为什么呢？因为柏拉图在他的著作中说，"不变的事物比相互作用的事物更高贵"。氦和其他稀有气体一样一般不与其他物质反应，所以柏拉图可能会更喜欢它们。

①　作者将元素周期表比作一张地图，方位亦同地图。——编者注

氦并不是唯——种电子数正好满足唯一的能级，不需要失去、获得或共享电子的元素。同样的情形可以延伸到整个第18列的元素：气体氖（10号元素）、氩（18号元素）、氪（36号元素）、氙（54号元素）、氡（86号元素）。这些元素都正好有它需要的电子，所以在正常情况下它们不会与任何物质发生反应。

然而，稀有气体的行为很不寻常。它的西侧是元素周期表中反应最剧烈、最活泼的元素——卤素。而更猛烈的元素则出现在最西侧（氢除外），即碱金属。

除了西海岸活跃的碱金属以及东海岸的卤素和稀有气体，元素周期表这张地图上还有一个大平原，从第3列到第12列，这一区域大都是过渡金属。（锝、钷、锝除外）

我们沿着元素周期表水平移动，每个元素都比它左边的邻居多一个电子。钠（11号元素）通常有11个电子，镁（12号元素）通常有12个电子。正常情况下，过渡金属每增加一个电子，其行为就会发生变化，表中的其他元素也是如此。但有些讨厌的过渡金属不太一样。从化学上来讲，许多过渡金属的外观和行为很相似。这是因为，过渡金属通常没有把外层电子暴露出来（大多数元素都是这样的），而是把它们隐藏在一个秘密的隔间里了。因此，许多过渡金属的外观通常是一样的，在化学反应中的表现也差不多。

　　碱金属在某些方面和普通金属没有差别，但它们不会缓慢地生锈或腐蚀，而是会在空气或水中直接燃烧。它们也很容易与卤素反应。卤素的外层有 7 个电子，比它所需要的 8 个少一个而碱金属最外层有一个电子，次外层已经饱和。因此，第 1 族的碱金属很自然地会把多余的电子给第 17 族的卤素，由此产生的阳离子和阴离子形成强烈的连接。（离子是异性相吸：阳离子和阴离子像磁铁一样相互吸引。）

　　这种连接被称为离子键，它解释了为什么卤素会经常与碱金属结合在一起，比如氯化钠（NaCl，食盐的主要成分）。这是所有原子获得所需电子的最简单的方法。类似的如两个钠离子（Na^+）和一个氧离子（O^{2-}）形成氧化钠（Na_2O）等。总的来说，通过标记元素的列数并计算它们的电荷，我们一眼就可以看出元素会怎样结合。遗憾的是，元素周期表中的元素并不总是这样遵守规则。某些元素的怪异行为也令它们更加有趣。

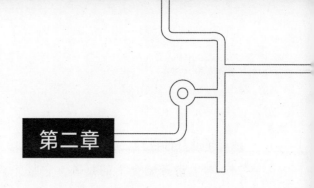

第二章

元素周期表之父

你可能会说，发现元素周期表的这段历史实际上也是塑造它的众多人物的个人发展史。元素周期表中的某些元素会比其他元素更加广为人知，同样地，发现它们并最早把它们排进元素周期表的科学家也都很著名，而其他发现者则早已被遗忘。

本生、门捷列夫和迈耶尔

在塑造元素周期表的历史中，有一个名字你可能听过：罗伯特·本生。我们应该对这位塑造元素周期表的先驱致以特别的敬意，因为你可能已经用过一件以他的名字命名的实验室设备——本生灯。但令人失望的是，这位德国化学家并没有真正发明本生灯，他只是在19世纪中期改进了此灯的设计。

　　本生最开始爱上的是砷，它是元素周期表上的剧毒元素之一。尽管33号元素在古代就享有盛名（罗马的刺客经常把它涂在无花果上，然后等着目标人物吃下去），但很少有守法的化学家对它了如指掌，直到本生开始在试管里摇晃它。他主要研究的是含砷化合物二甲砷基（cacodyl），这种化学物质的名称源自希腊语，意思是"恶臭"。本生说，二甲砷基物质闻起来很臭，还让他产生了幻觉。他的舌头上"覆盖着一层黑色的舌苔"。也许是出于自身利益，他很快就发明了一种解药——水合氧化铁，它至今仍然是最好的砷中毒后的解药。这是一种与生锈有关的化学物质，能够吸附血液中的砷，将其排出来。但他也不能避免所有的危险。一次，一个装着砷的玻璃烧杯意外爆炸，就差点炸掉了他的右眼，这次事故也使他在生命之后的约60年里几乎处于半瞎的状态。

　　事故发生后，本生把砷放在了一边，去研究了一段时间的间歇泉和火山。19世纪50年代，他回到了海德堡大学继续从事化学研究。在这里，他发明了分光镜，一种利用棱镜和光线来研究元素的实验室设备。元素周期表上的每一种元素在加热时都会产生明锐的彩色窄光带。例如，氢总是产生红色、黄绿色、淡蓝色和靛蓝色的光带。如果你加热某种神秘物质，它释放出了这些特殊的谱线，那么你就可以肯定它含有氢。这是重大的突破，因为有了这种方法，人们第一次不再需要煮沸或者用酸溶解就可以知道这些奇异化合物含有的元素。

当时，光谱学的唯一限制是，必须让火焰足够热才能激发元素，所以本生改进了这个加热装置。对于那些曾经在实验室里因加热元素而熔化了尺子或者点燃了铅笔的人，本生是他们的英雄！

本生的这些工作有助于元素周期表版图的迅速扩展，原因有二：第一，分光镜能够识别出新元素；第二，同样重要的是，分光镜能在未知物质中找出那些伪装的旧元素，帮助研究者筛查出新元素。

除了发现新元素，科学家还需要把它们排列成某种类型的家谱。现在我们来谈谈本生对元素周期表的另一个重大贡献。他在海德堡大学期间，还指导了一些负责元素周期律早期研究的人。这些人中也包括我们的第二位主角德米特里·门捷列夫，他常常被称为"元素周期表之父"。最早研究元素周期表的所有科学家都认识了某些元素之间的相似性，但有些科学家更擅长识别这些相似之处。知道了如何识别和预测这些相似之处后，门捷列夫很快就编制出了第一张真正意义上的元素周期表。

　　准确地说，就像本生和本生灯的关系一样，最早的元素周期表并不是门捷列夫一个人发明的。据了解，至少有6个人独立地发明了它。但门捷列夫是发明元素周期表的故事中最重要的人物。他出生于俄国的西伯利亚，是家里14个孩子中最小的一个。1847年，13岁的门捷列夫失去了父亲。他的母亲大胆地接管了当地的一家玻璃厂来养家糊口，但这间工厂很快就被烧毁了。她把家庭的希望寄托在聪明的小儿子身上。她带着门捷列夫骑在马背上，走了约1900千米，穿越山脉，来到了莫斯科的一所精英大

学为小儿子求学。在这里，门捷列夫据说因为出生在农村而被拒绝。门捷列夫的母亲毫不气馁，她和儿子坐在马背上，又骑了约640千米，来到了门捷列夫的父亲在圣彼得堡曾经求学过的学院申请入学。母亲看到门捷列夫获准入学后就去世了。

幸运的是，门捷列夫被证明是一个聪明的学生。毕业后，他在巴黎和海德堡学习。在海德堡，本生曾指导过他一段时间。19世纪60年代，门捷列夫回到圣彼得堡当教授，开始思考元素的本质。这份工作的成果就是他于1869年正式公布了著名的元素周期表。

当时，还有很多人在研究如何排列元素，有些人甚至解决了这个问题。1865年，英国一位名叫约翰·纽兰兹的化学家向一个化学学会展示了他的临时表格。当时，还没有人知道稀有气体（从氦到氡），所以他的元素周期表最上面一行只有7栏。纽兰兹把这7列比作音阶上的"哆来咪发唆啦西"。遗憾的是，当时伦敦的这个化学学会认为这有点幼稚，还嘲笑了纽兰兹。

门捷列夫的劲敌是尤利乌斯·洛塔尔·迈耶尔。他是一位德国化学家，留着满脸凌乱的白胡须和一头油亮的黑发。迈耶尔几乎和门捷列夫同时发表了元素周期表，两人甚至在1882年因共同发现"周期律"而平分了享有盛誉的准诺贝尔奖——戴维奖。之后，迈耶尔继续从事着伟大的工作，积累了名声，门捷列夫也是。难以置信的是，迈耶尔不相信原子之类的看不到的东西，比如电子和放射性等。如果在1880年左右评价这两个人，判断谁是更好的化学家，你可能会选择迈耶尔。所以门捷列夫与迈耶尔以及之前发表过元素周期表的那些化学家，究竟有什么区别呢？

　　门捷列夫与其他尝试把元素排进表格的人的不同之处是，他一生都在化学实验室里工作，他对元素的感觉、气味和反应有着深刻的了解，尤其是对金属元素——金属是最难放进表格中的元素。这使他能够准确地把所有62个已知的元素放进了自己的表格中。最重要的是，虽然门捷列夫和迈耶尔都在表格上无法填充已知元素的地方留下了空白，但不同于迈耶尔的是，门捷列夫预测会有新元素被发掘出来。门捷列夫甚至预测了隐藏元素的密度和原子量。当一些预测被证实的时候，人们就被他的表格迷住了。19世纪90年代当稀有气体被发现时，门捷列夫的表格形式通过了一项关键的检验，因为他的表格可以很容易就按规律添加出一个新的列，从而很容易就为稀有气体排定了位置。

　　为了满足教科书出版商的最后期限，门捷列夫仓促地赶制了他的第一张元素周期表。他已经写了教科书的第一卷，但只涵盖了 8 种元素。这意味着他必须把剩下的元素写进第二卷。他在拖稿了六周之后，在一个灵感迸发的时刻，他认为呈现元素信息的最简明的方式是把它们排列在一张表格中。门捷列夫不仅预测了新元素将放在硅（14 号元素）和硼等元素下面的哪些空格中，还给它们起了一些临时的名称。他当时用一种外来语言创造了这些新元素的名称，即"eka"，这个梵文单词的意思是"向上"。结果，"类硅""类硼"等元素就诞生了。

理论与实验

总的来说，门捷列夫在化学上的贡献可以媲美达尔文在生物学上的贡献和爱因斯坦在物理学上的贡献。没有人做了全部的工作，但他们做了最大的贡献，提供了最多的证据。他们看到了研究成果的前景，并用大量的证据支持自己的发现。和达尔文一样，门捷列夫也因为自己的研究树敌无数。他为没有见过的元素命名，这在当时实在是太"冒昧"了。他的举动"激怒"了那个发现"类铝"的人，这个人理所当然地认为，这个功劳和命名权都应该属于自己，而不是门捷列夫这个俄国人。

1838 年，保罗·埃米尔·勒科克·德布瓦博德兰（Lecoq de Boisbaudran）出生于法国干邑的一个富有的酿酒商人之家。成年后他移居巴黎，学会了使用本生的分光镜，成了世界上最优秀的光谱学家之一。

1875 年，德布瓦博德兰在一种矿物中发现了前所未有的色带，他立即得出了正确的结论：他发现了一种新元素。他将其命名为镓（gallium，31 号元素），以法国的拉丁名"Gallia"（高卢）来命名。一些人指责他狡猾地用自己的名字来命名元素，因为他法语名字中的"Lecoq"音译为勒科克，意思是公鸡，在拉丁语中就是"gallus"。几年后，在 1878 年，这位法国人已经制备出一大块纯净的镓。它在中等室温下是固态，但在约 29℃时就会熔化，这意味着如果你把它放在手心，它就会熔化（人的体温约为 36.7℃）。这是为数不多的你碰到它却不会被烫伤的液态金属。因此，镓一直是恶作剧的主要素材。由于镓很容易变形，且看起来像铝（13 号元素），一个流行的做法就是制作镓勺子，与茶一起端上来，当勺子消失在热饮里的时候，你就可以看着别人惊慌失措的样子了。

德布瓦博德兰在科学杂志上公布了他发现的镓。自 1869 年门捷列夫发布了元素周期表以来，这是被发现的第一个新元素。当门捷列夫读到这个消息时，他试图把功劳归因于自己对"类铝"的预测。于是，这个法国人和那个俄国人便开始在科学杂志上讨论这个问题，但没过多久，他俩的争执就变得非常激烈。德布瓦博德兰对门捷列夫十分恼火，他声称有一位不知名的法国人比门捷列夫更早发明了元素周期表，这位俄国人是窃取了他人的成果——这在科学探索中是一种罪恶。

门捷列夫则声称，德布瓦博德兰的测量一定有错误，因为镓的密度和原子量不符合他在元素周期表中的预测。德布瓦博德兰很快就撤回了自己的那些数据，发表了与门捷列夫预测相符的结果。为此，科学哲学家兼历史学家埃里克·塞利说："科学界震惊地注意到，理论家门捷列夫比发现新元素的化学家更清楚地看到了新元素的性质。"

在这里，有趣的争论是理论与实验。究竟是理论调整了德布瓦博德兰的认知，帮助他看到了新的东西，还是实验提供了真实的数据，而门捷列夫的理论正好与之相符？虽然德布瓦博德兰否认他曾看过门捷列夫的元素周期表，但他也可能听说过其他类似的表格，或者元素周期表引起的科学争论间接地提醒了科学家去注意寻找新元素。另一位天才爱因斯坦曾经说过："是理论决定了我们能观察到什么。"

当然，门捷列夫也有许多错误的预测。他真的很幸运，像德布瓦博德兰这样优秀的科学家率先发现了"类铝"，间接检验了他的元素周期表的准确性。门捷列夫曾经预言，氢的前面还有许多元素。他还断言，太阳的光晕中有一种叫作"晃"（coronium）的独特元素——如果有人指出了门捷列夫的这个错误，那么这位俄国人就可能寂寂无闻地死去了。但人们往往只记得门捷列夫的胜利。此外，当历史被简化时，人们往往倾向于过度地去赞扬门捷列夫。他做了许多重要的工作，但在 1869 年，只有约三分之二的元素被发现了，而且许多年后，即使在当时最好的元素周期表上，有些元素也还出现在错误的列和行上。

伊特比，一个元素金矿

后来大量的科学研究工作终于将现在的元素周期表与门捷列夫的元素周期表区分开来，特别是底部的那一行镧系元素。镧系元素起源于镧（57 号元素），直到 20 世纪，化学家还一直对它们在元素周期表上的位置感到困惑。门捷列夫是一个不羞于预测的人，即便是他，也认为镧系元素非常难处理。在铈（58 号元素）的后面，门捷列夫在表格中加入了一个又一个令人沮丧的空格。后来，在填充铈之后的镧系元素时，他经常把位置搞错，部分是因为许多

"新"元素被证明是一些已知元素的化合物。

如果门捷列夫从圣彼得堡再向西走六七百千米，他就可以解决所有的问题了。在瑞典，也就是在铈的发现地附近，他会在一个沿海的村庄找到一个不起眼的矿。这个村庄的名字很有趣——伊特比[①]（Ytterby），这个词的意思是"外村"。

伊特比的采石场提供的细原矿用于制造瓷器，也有其他用途。对科学家来说，更有趣的是，这里的岩石在加工过程中会产生奇异的色素和彩釉。如今，我们知道了这些鲜艳的色彩是镧系元素的特点，由于地质原因，伊特比的矿石中的镧系元素异常丰富。地球上的各种元素在地壳中均匀地混合在一起，就像有人把整架子的香料倒进碗里搅拌一样。但金属原子，尤其是镧系元素的原子，倾向于成群地移动，当熔融的地壳搅动时，它们会聚集在一起。少量的镧系元素正好落在瑞典的首都附近——实际上是瑞典的地下。

但是，尽管伊特比有合适的地质条件使其在科学上变得有趣，它仍然需要一些伟大的科学家来发现它的宝藏。发现镧系元素的人中最重要的一位是约翰·加多林。他出

---

① 此地是瑞典的首都斯德哥尔摩郊外的一个小村落。——编者注

生于 1760 年，是一位非常有科学头脑的化学家。

　　加多林年轻时曾在欧洲游历，后来定居在图尔库，它在今天的芬兰境内，此地与斯德哥尔摩之间隔着一个波罗的海。在这里，他获得了地球化学家的美誉。一些业余的地质学家开始从伊特比给他带来这些不寻常的岩石，并询问他的意见。通过加多林的出版物，各地的科学家开始渐渐听说了这个了不起的小采石场上这些非比寻常的岩石的故事。

　　加多林虽然没有化学工具（或化学理论）将 14 种镧系元素①从矿石中全都分离出来，但他在分离元素团方面取得了重大的进展。他把寻找元素当成一种消遣。当门捷列夫已经年老时，拥有了更好的工具的化学家开始重新审视加多林所做的关于伊特比的岩石的工作，这些新元素就开始像零钱一样一一分离开来。

　　加多林命名了一个假设的元素钇，从而开启了一种以伊特比来命名这些新元素的趋势。化学家意识到这些元素有共同的起源，便使伊特比成为元素周期表上不朽的新元素发现圣地。如今可以追溯到伊特比的元素名（7 个），比追溯到其他任何人、任何地方或任何事物的元素名都要

① 镧系元素共 15 种，但其中的钷是人工放射性元素，尚未在自然界中发现。——编者注

多。它是镱（ytterbium，70 号元素）、钇（yttrium，39 号元素）、铽（terbium，65 号元素）、铒（erbium，68 号元素）的命名灵感来源。还有 3 个在此地发现的元素，在用了字母"rbium"之后看起来不太对，化学家便用瑞典首都斯德哥尔摩的拉丁名命名了钬（holmium，67 号元素），用斯堪的纳维亚的神话名命名了铥（thulium，69 号元素），用约翰·加多林的名字命名了钆（gadolinium，64 号元素）。

　　总的来说，在伊特比发现的 7 种元素中，有 6 种是空缺的镧系元素。如果当年门捷列夫向西穿越了芬兰湾和波罗的海，历史可能会大不相同——他会不断地修改自己的元素周期表，一个人就能填满铈之后的一整行。

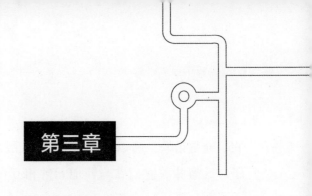

第三章

全家福：
元素的家谱

如果逐行阅读元素周期表，你可以发现很多关于元素的信息。但这只是故事的一部分，甚至不是最好的一部分。同一列的元素（称为族，group）实际上比同一行的元素（称为周期，period）之间更加亲密。在几乎所有的人类语言中，人们习惯从左至右地阅读（或从右至左），但从上往下逐列阅读元素周期表，就像日语阅读，通常会更有用。如此，你可以发现元素之间一些有趣的关系，如竞争关系。元素周期表的表达中有自己的语法，在字里行间我们可以读到全新的元素故事。

相似但不相同

同一列的元素（族）有时被称为一个"家族"，因为它们通常很像。例如，碳和硅的最外层需要相同数量的电子，这意味着它们在与其他元素相互作用时有相似的行为。碳与地球上的生命关系最密切，硅也具有类似于碳的功能，因此，那些对外星生命感兴趣的一代又一代的科幻迷对硅魂牵梦萦。同时，尽管碳和硅的关系密切，但它们仍然是构成不同化合物的不同元素。

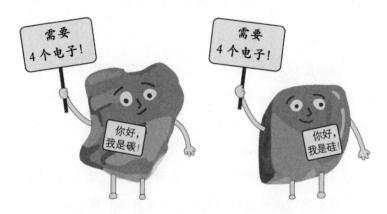

在元素周期表中硅的正下方，我们找到了锗（32号元素）。在锗的下方，我们出乎意料地找到了锡（50号元素）。再往下是铅（82号元素）。沿着元素周期表一路向下，我们看到了构成生命的重要的非金属元素碳；看到了制造现代电子产品的非常重要的类金属元素硅和锗；看到了用来盛放谷物的容器中的灰色金属锡；看到了有毒的铅——铅也是一种金属。往下走的每一步都很小，但它提

同一族的元素之间的小
小差异造成了其功能上
的巨大不同。

 碳：与地球上的生命起源最密切相关的元素。

 硅：和……

 锗：通常用在普通电子设备，如电脑和手机中。

 锡：有多种功能的灰色金属，比如用来制造储存食物的罐子。

 铅：一种有毒元素，出现在子弹和油漆中。

醒着我们，虽然一种元素可能与下面的元素相似，但它们之间许多小的变化加起来会产生巨大的差异。

硅和碳"相似但不相同"的一个例子表现在它们的二氧化物中：它们与两个氧原子结合形成的化合物。二氧化硅（SiO_2）是沙子和玻璃的主要成分，吸入二氧化硅会导致尘肺病，这是一种严重的肺病。整天喷砂的建筑工人和吸进玻璃灰尘的绝热材料工厂的工人经常会因此病而倒下。另外，由于二氧化硅是地壳中最常见的矿物之一，活火山附近的居民也很危险！当火山中喷发出此物质时也容易引起此病，这种肺病有时被称为硅肺病。它的英文名是pneumonoultramicroscopicsilicovolcanoconiosis，这是英语中有名的长单词。我们的肺时刻都在与二氧化碳（CO_2）打交道，但若吸入了它的近亲二氧化硅时却可能会致命。据推测，许多恐龙也许就是这样死的：当一颗巨大的小行星或彗星撞击地球时，它会向空气中释放成吨的二氧化硅粉尘。

黑羊

每个群体中都有黑羊，也就是被该群体中其他成员放弃了的成员。第14族的黑羊就是锗，它是一种不太幸运的元素，位于硅的正下方。如今的计算机、微芯片、汽车和计算器中都用到了硅。硅半导体是把人类送上月球的功臣之一，它也推动了互联网科技的迅速发展。但是如果 60 年前的情况稍有变化，可能我们今天会谈论的就是加利福尼亚北部的锗谷，而不是硅谷了。

现代的半导体工业始于 1945 年美国新泽西州的贝尔实验室，这个地方距离美国的超级发明家爱迪生于 70 年前建立工厂的地方只有几英里[①]。威廉·肖克利是一位电气工程师和物理学家，他试图制造一种小型的硅放大器，以取代当时的大型电脑（这种电脑占据了整个房间，它们太大了）中的真空管。工程师十分讨厌这种真空管，因为这些灯泡状的长玻璃外壳易碎，而且容易过热。他们虽然不喜欢它，但他们需要它，因为当时只有这些真空管能够放大电子信号（使微弱的信号不消失），同时充当着单向的电流闸门，使电子不能在电路中回流。（想象一下，如果下水道是双向流动的，会出现什么问题。）

后来，肖克利对真空管所做的事情，就像爱迪生的灯泡对蜡烛所做的事情一样。他知道解决问题的答案就是半导体元素，只有它们才能达到所需的平衡，方法就是让足够的电子通过电路（导体），但电子不能太多，否则无法

---

① 1 英里约等于 1.6 千米。——编者注

控制。但肖克利不是一流的工程师，他的硅放大器从来没有放大过任何东西。他在虚度了两年之后，把这项任务交给了两名助手——约翰·巴丁和沃尔特·布拉顿。

巴丁和布拉顿很快就确定了，硅非常脆，也很难提纯，因此不能用于改良放大器。他们还知道，锗的外层电子比硅的能量更高，因此更松散，也能够更平稳地导电。1947 年 12 月，巴丁和布拉顿利用锗制造了世界上第一个固态的真空放大器。他们称之为晶体管。

这件事本该让肖克利兴奋不已，但那年的圣诞节他刚好在巴黎，所以他很难对外宣称是自己对这些发明做出了贡献（更何况他使用了错误的元素）。所以肖克利开始窃取属于巴丁和布拉顿的荣誉。

肖克利得知消息后匆忙从巴黎赶了回来，他也挤进了对外公布晶体管诞生的照片之中——这通常是字面意思的"挤进"。在贝尔实验室的宣传照中，他总是站在巴丁和布拉顿的中间，把手放在设备上，迫使其他两个人像助手一样侧头看向他。这些画面变成了一个新的现实，即整个科学界都把功劳归功于他们三个人。后来，肖克利还将巴丁驱逐到另一个与该项研究无关的实验室，这样他就可以自己开发出第二代更适合商用的锗晶体管了。不出所料，巴丁因为被排挤，很快就离开了贝尔实验室。事实上，他为此事感到非常的恶心，以至于后来都放弃了半导体的研究。

后来，锗的情况也不太好。1954 年，晶体管产业已经发展壮大，但在整个繁荣时期，工程师真正想要的仍然是硅而不是锗。为什么？因为锗尽管导电性好，但会产生多余的热量，这导致锗晶体管在高温下会断裂。更重要的一点是，硅非常便宜，它是沙子的主要成分，因此它基本上就是沙土！科学家仍然忠于锗，但他们花了大量时间来研究硅。

对巴丁来说，非常幸运的是，他的故事虽然有波折，但结局还是很圆满的。事实证明，他在锗半导体方面的工作非常重要，所以他和布拉顿还有肖克利一起获得了 1956 年的诺贝尔物理学奖。一天早餐时，巴丁正在煎制自己的早餐，当他从收音机（可能已经使用了硅芯片）里听到了这个获奖消息时，他慌慌张张地竟然把锅里的煎鸡蛋都打翻在地了。这也不是他与诺奖有关的最后一件糗事。他还在瑞典的颁奖典礼的前几天，不小心把一些彩色衣服与正装的白色领结和背心一起洗了，结果把自己的白色衣服染成了绿色。

1958 年，晶体管产业面临着另一场危机。随着巴丁离开了研究的战场，大门也向另一位英雄敞开了。

杰克·基尔比可能得弯一下腰才能走进那扇门（他身高约183厘米），但他很快就走进去了。尽管接受过电气工程的训练，基尔比还是被得州仪器（TI，全球领先的半导体公司）雇来解决一个被称为"数字暴政"的计算机硬件问题。简单来说，虽然便宜的硅晶体管能够正常运行，但花哨的计算机电路需要的晶体管非常多。这意味着像得州仪器这样的公司不得不雇用大量的低薪技术人员，其中大部分是女性。这些技术人员整天蹲在显微镜前，穿着防护服，一边焊接硅片一边咒骂，流着满头大汗。这道工序不仅昂贵，而且非常低效。在每一个电路中，如果有一根脆弱的导线不可避免地断开或松动了，整个电路就崩溃了。然而，工程师无法回避市场上这么多的对晶体管的需求。

基尔比来到得州仪器时，他的老板给了他空闲的时间让他研究出一个新的设计，他称之为集成电路。因为硅晶体管并不是电路中唯一一处需要手工布线的地方。电路中的碳电阻和陶瓷电容器也必须用铜线连接在一起。所以基尔比放弃了分离元件的设计，取而代之的是让所有的元件——电阻、晶体管和电容器——都在一块半导体块上雕刻而成。这个想法非常好——这两者的区别就像是：是用一块大理石来雕刻雕像，还是分别雕刻四肢，然后再用铁丝把雕像连接起来一样。他不相信硅的纯度可以用来制造电阻和电容器，所以他使用锗来制作原型。这个原型现在仍存放于史密森学会中。

所有的元件都在一块板子上，就不需要人把它们焊在一起了。集成电路使工程师能将雕刻过程自动化，微型晶体管于是成为最早的计算机芯片。基尔比的创新没有得到应有的回报，但今天的计算机极客[1]仍然在向基尔比致敬。芯片产业通常是以月为单位衡量产品的周期，但基尔比的这项基础设计在 50 年后仍在被使用。2000 年，他也因集成电路而获得了迟来的诺贝尔奖。

遗憾的是，没有什么能拯救锗的命运。因为硅非常便宜，非常容易获取，所以它很快就取代了锗。在锗完成了所有的研究工作之后，硅成了最终的超级明星，锗在很大程度上则被遗忘了。

---

[1]　美国俚语"Geek"的音译词，用来形容对计算机和网络技术非常狂热，并投入了大量时间去钻研的人。——编者注

2

制造原子，破坏原子

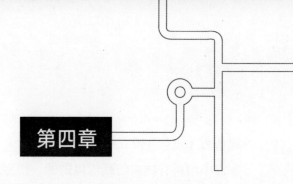

第四章

原子从哪儿来：我们都是星辰之子

我们已经知道了一些元素是如何被发现的，以及它们是如何在元素周期表中排列的，那么元素究竟来自哪里？要回答这个问题，科学家必须弄清楚我们来自哪里。答案当然可以在元素周期表中找到。

大爆炸和其他理论

几个世纪以来，主导科学界的观点是，元素并不来自某个地方。

那么，人们认为元素是来自哪里呢？

曾经的想法是：所有元素的寿命都等于宇宙的寿命。元素既没有被创造，也不会被毁灭，它们就在那里。

后来的理论是，比如20世纪30年代的大爆炸理论，则认为无论约 140 亿年前存在的是什么，它都已经包含了宇宙中的所有物质，我们周围的一切都诞生于大爆炸的那一刻。虽然那个大爆炸的点的形状不像钻石皇冠、锡罐或铝箔，但与这些物质一样用的都是相同的基本材料。（一位科学家计算出，大爆炸时十分钟内就产生了宇宙中所有已知的物质，并开玩笑地说："煮这些元素的时间可比煮一盘鸭子和烤土豆的时间还短。"）

在接下来的几十年里，这个理论开始受到质疑。1939年，德国和美国的科学家已经证明，太阳等恒星通过挤压两个氢原子形成氦原子来加热自己，这个过程会释放大量的能量。一些科学家说，"好吧，氢和氦的量可能会改变（因为这个反应），但只是轻微的，没有证据表明其他元素的量也会发生变化。"随着望远镜的不断改进，观测数据显示大多数年轻的恒星中只含有氢和氦，那些较老的恒星中则含有几十种元素。另外，地球上不存在的锝（43 号元素）等非常不稳定的元素，却存在于某些恒星中。因此，恒星一定每天都在制造新元素。

在 20 世纪 50 年代中期的一篇学术论文中，天文学家杰佛瑞·伯比奇、玛格丽特·伯比奇、威廉·福勒和弗雷德·霍伊尔提出了一个叫"恒星核合成"的理论。这篇论文被简称为 B^2FH（以每个贡献者的姓的首字母命名），它最早提出宇宙曾经是一团混乱的氢，还有少量的氦和锂（3 号元素）。最终，氢原子聚集在一起形成恒星，从而产生了氦。B^2FH 认为，只有当氢燃烧殆尽时，这些事情才会发生。这篇论文解释了氢如何通过各种反应产生了铁（26 号元素）等元素。

B^2FH 的一个推论是，如果你在一颗恒星上发现了铁，那么你就不需要再去寻找序号更小的元素了。因为只要发现了铁，就可以很确定地说，元素周期表中铁之前的元素一定也存在了。

你可能会认为，在最大的恒星中，铁原子会很快地聚集在一起，产生更大的原子并进一步融合，最终形成元素周期表中的所有元素。

实际上并没有那么快。当你计算并检验产生了多少能量时，就会发现任何东西在与铁的 26 个质子聚变时都需要消耗能量。因此，对于能量匮乏的恒星，要把铁原子融合起来并没有什么好处。铁是恒星自然生命中生成的最后一种元素。

那么更重的元素，从 27 号的钴到 92 号的铀，又都来自哪里呢？B^2FH 认为，具有讽刺意味的是，它们都直接诞生于一种微型的大爆炸，叫超新星爆发。一个非常巨大的恒星（太阳质量的 12 倍）会先燃烧完较轻的元素，然后在大约一天内烧成铁核。在死亡之前，这些被烧毁的恒星在自身巨大的引力下会发生内爆，在几秒内就可以坍缩数千英里。在它们的核心，质子和电子甚至会被挤压成中子。然后，在这种坍缩的反弹中，它们向外爆发，形成了超新星。

在持续爆发的一个月里，一颗超新星可延伸至数百万英里，其光亮会比十亿颗恒星都还亮。当超新星爆发时，每秒会有无数的粒子以极高的动量多次碰撞，它们已经跳过了正常的能量屏障，最后聚变成了铁。许多铁原子获得了中子，其中一些中子又转化为质子。由于质子的数量决定了原子的性质，所以新元素产生了。每个元素的自然组合都从这个粒子风暴中喷涌而出。

曾经的某个这样的超新星爆发就创造了我们的太阳系。大约在46亿年前，一颗超新星爆发了，它穿过了一片约240亿千米宽的太空尘埃（这是至少两颗恒星的遗骸）。这些尘埃粒子与这颗爆发的超新星混合形成了巨大的星云。这片星云最稠密的中心沸腾着形成了太阳，剩余的物质则形成了环绕太阳的行星。也不是只形成了行星，剩余的物质也构成了你我周围的一切——书、墙、桌子、食物等，甚至你的身体也曾经是某颗恒星的一部分。这也正如已故的天体物理学家卡尔·萨根所说的，"我们都是星辰之子"。

两种行星

行星还提供了许多元素的名称。天王星（Uranus）是在 1781 年被发现的。一位科学家在 1789 年就用它的名字命名了铀（uranium），尽管天王星上完全没有这种元素。镎（neptunium，93 号元素）和钚（plutonium，94 号元素）则分别以海王星（Neptune）和冥王星（Pluto）的名字来命名。冥王星曾经也被认为是太阳系的行星之一，但从 2006 年开始，它就不再是太阳系的行星了。它现在是一颗矮行星。

在太阳系所有的行星中，木星（一颗气态行星）是近几十年里运行的最壮观的一颗。1994 年，苏梅克-列维九号彗星与木星相撞，这是人类有史以来第一次目睹星体间的碰撞。它的表现没有令人失望：21 颗彗星碎片击中了这颗行星，碰撞产生的火球跳到了约 3200 千米外的深空。

太阳系的岩质行星（水星、金星、地球和火星）与气态行星的形成历史不同。太阳系形成的时候，气态行星（如木星）是最先形成的，仅仅花了 100 万年左右。一些重元素聚集在它们附近（相对而言），在接下来的数百万年里则没有什么太大的波澜。当地球和它的邻居最终旋转成一个熔融的球体时，这些元素在其中或多或少的均匀混合。从理论上讲，你可以捧起一把土，就把整个宇宙、整个元素周期表中的元素都握在手里了。随着这些元素的搅动，原子开始与它们的近亲或远亲结合，最终每一种元素都会大量沉积下来。致密的铁沉入每颗行星的核心，这也是它现在所在的位置。经过冷却凝固后，地球上就到处都是元素团了。

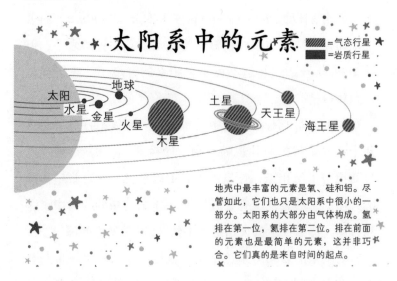

太阳系中的元素

= 气态行星
= 岩质行星

太阳　水星　金星　地球　火星　木星　土星　天王星　海王星

地壳中最丰富的元素是氧、硅和铝。尽管如此，它们也只是太阳系中很小的一部分。太阳系的大部分由气体构成。氢排在第一位，氦排在第二位。排在前面的元素也是最简单的元素，这并非巧合。它们真的是来自时间的起点。

元素和地球的年龄

太阳系的形成发生在很久很久以前，因此，理性的人可能会问，科学家怎么知道地球是如何形成的。简单来说，科学家分析了地壳中普通元素和稀有元素的数量和位置，并推测它们是如何到达它们所在的位置的。例如，20世纪50年代，芝加哥一位名叫克莱尔·帕特森的研究生通过一系列非常细致的实验，确定了我们地球的年龄。

帕特森用流星碎片来解释他的测量结果，因为流星和行星都是由同样的尘埃构成的，在诞生之后没有一点儿变化，都一直飘浮在太空中。它们基本上就是一块原始的地球。

他发现了什么？他发现地球大约有45.5亿岁。他的实验涉及铅，这也引发了另一个重要的发现：大气中的铅含量一直在上升，正是源于人类使用的所有的含铅材料（如管道、油漆、汽油等），这是对人类和环境都有害的。为此，帕特森也成了重要的环保活动家，主要是因为他，未来的孩子才永远不会吃到含铅油漆的薯片，加油站也不用再费心地在油泵上做各种"无铅"的广告。多亏了帕特森，今天这些都已经成了一种常识：应该禁止使用含铅的油漆，汽车不应该排放含铅的尾气，等等。如此看来，科学家试图确定地球的年龄也有助于维护它（和我们）的健康。

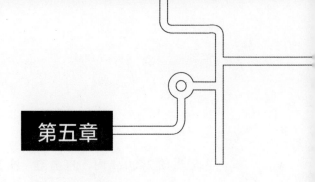

第五章

战争年代的元素

　　尽管超新星爆发时会向四面八方抛射元素，尽管地球尽最大努力地翻滚、熔融，一些地方的稀有矿物的浓度还是会比其他地方高。这有时也造就了科学探索上的奇迹，比如在瑞典的伊特比所发生的故事。但在很多情况下，这类稀有元素在某地的富集也会激发贪婪和破坏，尤其是当这些稀有元素被用于商业或战争时，或者最糟糕的是，两者兼而有之时。

善与恶的科学

　　化学武器的使用始于古希腊。当时，斯巴达人试图用最先进的化学技术——烟熏[①]，来使雅典人屈服但这并没有

---

① 当时，斯巴达人使用燃烧硫黄产生的毒烟熏敌人，希望能使对方窒息。——编者注

奏效。

在随后的 2400 年内，直至第一次世界大战前，化学战都没有什么大的进展。19 世纪末，许多国家都意识到了化学武器的威慑力。为此，当时世界上所有科技发达的国家，都签署了 1899 年的《海牙公约》，其中就有禁止在战争中使用化学武器的约定——只有一个国家例外。唯一持反对意见的国家是美国，它认为：如果各国仍然在用枪击杀 18 岁的孩子，用鱼雷击沉军舰，让水手淹死在黑暗的海洋中，那么禁止比胡椒喷雾强不了多少的气体似乎毫无意义。尽管如此，其他国家还是签署了《海牙公约》，但是很快就食言了。

在早期，化学武器的秘密研究以溴为主。溴能强烈刺激眼睛和鼻子。到了 1910 年，军事化学家已经研发出一种以溴为主要原料的化学物质，这种物质十分讨厌，它能让一个成年人流下滚滚的眼泪。

由于《海牙公约》只涉及战争，所以 1912 年，法国政府决定用溴乙酸乙酯来阻止一群巴黎的银行劫匪。他们因此而被捕的消息很快传到了法国的邻国——这些国家有权为此而担忧。1914 年 7 月第一次世界大战爆发，之后法国立即向前进的德国军队投掷了溴弹。他们的运气还比不上斯巴达人。因为溴弹落在了一个多风的平原上，毒气几乎没有起到任何效果，德国人还没有意识到他们遇到了"攻击"，毒气就已经被风吹走了。然而，更准确的说法是，毒气弹没有立即产生影响，是因为关于毒气的各类歇斯底里的谣言正充斥着双方的报纸。德国人利用谣言为自己牟利。比如，他们把军营中发生的一起不幸的一氧化碳中毒事件归咎于法国人。他们的目的是什么？正是为自己的化学战计划找借口。

因为一个人，德国的化学气体研究很快就超越了世界上的其他国家。这个人就是秃头、留着小胡子的化学家弗里茨·哈伯。他是化学史上非常伟大的一个人，大约在1900年成了享誉世界的著名科学家，当时他做出了一个改变世界的发现：如何将空气中最常见的化学物质氮（7号元素）转化为工业产品。哈伯发明了一种"捕获"氮的方法，能够将普通空气转化为氨（NH_3），后者可以用于制造肥料。自从有了廉价的工业肥料后，农民就不再局限于用堆肥或粪便来滋养土地了。即使在第一次世界大战的时候，哈伯也因此而挽救了数百万人的生命。如今，全世界约75亿人口中的大部分都是因哈伯的此项发现而养活的，所以我们仍然要感激他。

但是，哈伯感兴趣的不仅仅是肥料。他实际上是想用廉价的氨帮助德国制造炸药。像哈伯这样的人在历史上有很多，他们把科学上的创新扭曲成了有效的杀人工具。这是一个可悲的事实。哈伯的故事更加黑暗，因为他更精通于此。第一次世界大战爆发后，德国军方领导人招募哈伯加入毒气战部门。虽然哈伯打算从与政府的氨气合同中大赚一笔，但他还是迫不及待地放弃了其他项目。这个部门很快就被称为"哈伯办公室"，军方甚至提拔这个46岁的犹太人（为了自己的"事业"，他改信了路德教）担任了上尉。

几十名年轻的化学家自愿与哈伯一起工作。德国在化学战中落后于法国，但在1915年年初时，德国人就有了对付法国催泪弹

危险的发明

哈伯并不是第一个把发明变成毁灭的科学家，也不会是最后一个。这里还有几个例子。

据推测，公元前200年左右，数学家、发明家阿基米德就利用镜子和太阳光向罗马船只发射"死亡射线"，使进攻的船队着火。

瑞典化学工程师阿尔弗雷德·诺贝尔（是的，诺贝尔奖就是以他的名字命名的）一直在寻找一种安全的方法制造炸药。1864年，他取得了成功，并将他的发明命名为炸药（dynamite）。炸药在世界各地用于爆破隧道、修建铁路和公路。当

的方法。他们在英国军队而不是在法国军队身上试验了炮弹。幸运的是，和法国的第一次毒气攻击一样，风把毒气吹走了，英国军队根本不知道自己受到了袭击。

德军并没有放弃，他们还想在化学战中投入更多的资源。但有一个问题：他们的政治领袖不愿意（再次）公开撕毁《海牙公约》。而解决的办法是以一种虚伪的方式来解读《海牙公约》。签署公约时，德国承诺"不再使用以扩散窒息性气体或有害气体为唯一目的的射弹"。所以，狡猾的德国人辩解说，他们可以发射同时含有弹片和毒气的炮弹。这需要一些工程技术，因为晃动的液溴在撞击时蒸发成气体，很难控制。但德国人做到了。1915 年，他们已经完成了一种 15 厘米的炮弹，里面充满了一种叫溴化二

然，它在创造的同时也在毁灭。

1958 年，韦恩赫尔·冯·布劳恩帮助美国国家航空航天局（NASA）发射了美国的第一颗人造地球卫星，"探险者"1 号，并研发了将第一批人类送上月球的火箭。在此之前，他在自己的出生地德国为纳粹工作。出于对太空旅行的兴趣，他最终参与研制了 V-1 和 V-2 火箭。纳粹用它们做武器，杀死了数千人。

甲苯的化合物，这是另一种可怕的催泪弹。德国人称之为白十字架（weisskreuz）。德军再一次撇开了法国人，把机动毒气部队转向了东部，用一万八千枚白十字架轰击了俄军。如果说有什么问题，那就是这次尝试比第一次更加失败。因为俄国的温度非常低，溴化二甲苯被冻成了固体！

在关于溴的两次试验都失败后，哈伯把他的研究方向转向了溴的化学表亲——氯（17号元素）。氯在元素周期表中位于第17列，溴的正上方，人吸入后会更加难受。氯原子更小，每个原子的质量还不到溴原子的一半，所以更容易攻击人体细胞。氯使受害者的皮肤变成黄色、绿色和黑色，还会攻击他们的眼睛。受害者实际上是因为肺部积液而死于呼吸衰竭。如果你觉得溴让人十分讨厌，那么氯就可以说是非常卑鄙了。很快，敌军就对这种含氯的化学武器感到恐惧了，它们包括：绿十字架（grunkreuz），蓝十字架（blaukreuz），以及噩梦般的糜烂性毒剂黄十字架（gelbkreuz），又称"芥子气"。

哈伯并不满足于科学上的贡献，他还在1915年4月指挥了历史上第一次成功的毒气攻击。在比利时的伊普尔附近的泥泞的战壕中，五千名不知所措的法国人被他的毒剂灼伤致死，满身都是疤痕。在业余时间，哈伯还研究并提出了一个可怕的生物学定律"哈伯定律"，帮助他计算

气体浓度、接触时间和死亡率之间的关系。这个定律肯定
需要大量的数据做研究才能得出。

尽管有哈伯这样的人，德国最终还是输掉了第一次世
界大战，背上了流氓国家的骂名。国际社会对哈伯本人的
评价更加复杂。第一次世界大战的硝烟在 1918 年因德国
投降而平息，哈伯却获得了 1918 年的诺贝尔化学奖，以
表彰他用氮和氢合成氨的方法（诺贝尔奖在战争期间停发
了）。一年以后，他被指控为国际战犯，因为他施行的化
学战使数十万人残疾，并威胁到数百万人的性命。这项指
控是一个复杂的、几乎毁灭性的遗留问题，因为哈伯从未
受到审判。

由于德国不得不向盟军支付巨额赔偿，哈伯为此感到
羞愧。所以他耗费了六年时间试图从海洋中提取溶解的黄
金，这样他就可以自己支付账单了。他的其他项目也在徒
劳地进行着。在那些年里，哈伯唯一获得关注的事情是他
研制出了一种杀虫剂（除了试图申请作为苏联的毒气顾
问）。哈伯在战前研制出了齐克隆A[①]，战后有一家德国公司
改良了他的配方，生产出了高效的第二代毒气齐克隆B。

最终，一个记性不好的新政权掌管了德国，纳粹很快

---

① 一种氢氰酸和氯的混合物，主要用来灭鼠或害虫。——编者注

就因为哈伯的犹太血统免去了他的职务。1934年，他在前往罗马的途中去世。与此同时，关于他的杀虫剂的研究仍在继续。几年之后，纳粹用这种第二代毒气齐克隆B杀害了数百万的犹太人，其中也包括哈伯的亲属。

现代战争

像溴和氯这样的元素是被用于了战争，但还有一些元素则是引起了（或者至少助长了）战争——这并不是发生在遥远的过去，而是就在最近三十年内。这其中的两个元素有非常适合的名字，名字都是源自希腊神话中以苦难著称的人物。一个是尼俄伯（Niobe），她吹嘘自己7个可爱的女儿和7个可爱的儿子，结果惹怒了众神导致儿女全亡。一个是坦塔罗斯（Tantalus），他是尼俄伯的父亲，他杀死了自己的儿子，并把他端上了宴席（原因不明）。作为惩罚，坦塔罗斯必须永远站在河里，河水淹没了他的脖子，他鼻子上方悬挂着一根结满苹果的树枝。然而，每当他想要吃或喝的时候，水果就会被风吹走，河水则会退去。痛苦和失落将一直折磨神话中的坦塔罗斯和尼俄伯，但在现实世界中，以他们的名字来命名的元素却正在摧毁非洲中部。

现在你的口袋里可能就有钽（73 号元素）或铌（41 号元素）。这两种金属的密度很高、耐热性好、不会生锈、蓄电能力强，因此它们对手机生产商而言至关重要。20 世纪 90 年代中期，手机生产者开始非常需要这两种金属，尤其是钽，紧邻非洲中部的卢旺达的刚果民主共和国［刚果（金）当时叫扎伊尔共和国］是最大的钽供应商。你可能听说过卢旺达在 20 世纪 90 年代中期发生的可怕的种族灭绝事件，当时有数十万人被杀害。1996 年，被推翻的卢旺达政府官员涌入扎伊尔寻求庇护。当时，卢旺达的冲突似乎只是向西延伸了几英里，但最终，有 9 个国家和

重金属

约四分之三的元素是金属，除了铁、铝和少数几种，大多数元素在第二次世界大战之前没有任何作用，只能填补元素周期表上的空缺。大约从 20 世纪 50 年代开始，每种金属都找到了自己的位置。如，钆用于核磁共振成像（MRI）的造影剂中是完美的。钕（60 号元素）可以制造出前所有未有的强大激光器。钪（21 号元素）现在被用作铝质棒球棒和自行车车架的添加剂。它曾在 20 世纪 80 年代帮助苏联制造轻型直升机，据说甚至用于苏联储存在北极地下的车载洲际弹道导弹的弹头中，以帮助核武器穿透冰层。钼（42 号

约 200 个民族部落在丛林里交战。

刚果（金）是一个森林茂密的国家，这使战争变得更加困难。如果不是为了钱，贫穷的村民不会离家

元素）和钨（74 号元素）是能承受高温的硬金属，可以使钢变得坚固。普通导弹装上钨合金后，就足以摧毁坦克。

去打仗。我们接着来说钽和铌。全世界这两种金属 60% 的供给量都在刚果（金）。（它们在地下混合成一种叫钶钽铁矿的矿物，钶钽铁矿可以加工成纯净的钽和铌。）1991 年，手机的销量几乎为零，但到了 2001 年，手机的销量就突破了 10 亿部。一旦手机流行起来，西方世界对手机需求的饥饿感就会像坦塔罗斯一样强烈，钶钽铁矿的价格增长了 10 倍。那些为手机制造商购买钶钽铁矿的人从不过问也不关心钶钽铁矿的来源，那些刚果（金）的矿工也不知道这种矿物的用途，他们只知道白人为它买单，而卖矿物所得的利润可用于支持他们喜欢的交战中的部落。

但这还不是最糟糕的。不同于狡诈的比利时人经营刚果（金）钻石矿和金矿的时代，2000 年左右没有人能够控制钶钽铁矿，因为开采它不需要花哨的设备。任何一个有铲子的人都可以在河床里挖出一整磅①钶钽铁矿（就像

---

① 1 磅约等于 0.45 千克。——编者注

淘金热时期一样）。一个农民在几小时内的收入可以是他邻居全年收入的 20 倍。随着利润的增长，人们放弃了农场，也不再种粮食了，转而四处寻找钶钽铁矿。这使刚果（金）本来就不太稳定的食物供应变得更加紧张。为了获取肉类，人们开始大肆猎捕大猩猩，使大猩猩几乎灭绝。

相比于人类的痛苦，大猩猩的死亡似乎变得无足轻重。大量的金钱涌入一个无政府的国家，这是很危险的。因为没有法律和规则来决定这些钱要如何用于帮助刚果（金）人，一种残酷的资本主义形式就接管了这里：一切东西都可以出售，包括生命。

刚果（金）最糟糕的时期是 1998 年至 2001 年，也就是这个时期手机制造商意识到自己正在资助这种无政府状态。值得赞扬的是，之后他们便开始从澳大利亚购买钽和铌了——尽管价格更高。刚果（金）的经济也因此有所下滑。然而，尽管官方在 2003 年签署了停战协议，但靠近卢旺达东部地区的局势从未真正平静过。

自 20 世纪 90 年代中期以来，刚果（金）有 500 多万人因此而死亡，这是自第二次世界大战以来地球上最严重的生灵涂炭事件。这些交战表明，元素周期表不仅为人类带来许多令人振奋的时刻，也带来一些十分糟糕的时刻。

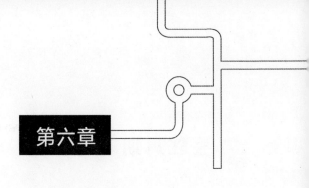

第六章

填写元素周期表……
砰的一声

　　你已经在第四章中学到，太阳系所有的自然元素都来自超新星爆发，年轻的熔融的行星的搅动确保这些元素在岩石和土壤中充分地混合。但仅凭这一点，我们无法完全了解地球上的元素分布。在超新星爆发以后，某些元素的所有种类都消失了，因为它们的原子核——也就是核心的质子和中子——太脆弱了，无法在自然界中存在。这在元素周期表上留下了一些空白。不同于门捷列夫的时代，无论科学家多么努力地探索，也无法填补这些空白。后来，他们最终填满了表格，但前提是他们开发了全新的技术，能够自己创造元素了，他们也意识到，某些元素的脆弱性中隐藏着极大的危险。

整理周期表

故事可以追溯到第一次世界大战前英国的曼彻斯特大学。曼彻斯特大学聚集了一批杰出的科学家，其中包括实验室主任欧内斯特·卢瑟福，还有也许最有前途的学生亨利·莫斯莱。

莫斯莱热衷于用电子束轰击原子，尽管卢瑟福反对这项工作，认为这是浪费时间。1913年，莫斯莱开始探究金（79号元素）之前的所有已发现的元素。我们今天已经知道，当一束电子撞击一个原子时，电子束会敲掉原子本来的电子，留下一个空穴，其他电子会迅速填补这个空穴。所有这些撞击激发了高能X射线。令人兴奋的是，莫斯莱发现X射线的波长、原子核中的质子数以及元素的原子序数（决定元素在周期表上的位置）之间存在某种数学关系。

门捷列夫在1869年发表了著名的元素周期表，此后它经历了许多变化。门捷列夫的第一张表格是竖着放的，后来在大家的建议下才旋转了90°。在接下来的40年里，化学家在不断地修改着这张表格：增加列、重排元素等，但表格中的有些问题就是无法解决。

元素周期表中的大多数元素是按照质量递增的规律来

简单排序的。按照这种方法，镍（28 号元素）应该排在钴之前。但元素周期表的正确位置是，钴位于"类钴"的上方，镍位于"类镍"的上方，所以化学家必须调换镍和钴的位置。没有人知道为什么会出现这样不合规律的事情，但这类讨厌的案例还有很多。为了解决这个问题，科学家提出了作为元素占位符的原子序数这一概念，但当时并没有人知道这些原子序数的真正含义。

通过把化学问题转化成物理问题，年仅 26 岁的莫斯莱最终解开了这个谜团。这件事的关键在于，当时很少有科学家相信原子核的存在。莫斯莱提出，原子的正电荷与原子序数相同，从而把元素在周期表上的位置与它的物理性质联系起来。这证明了元素在周期表中的排序并不是随机的，而是源于对原子核的正确理解。像钴和镍这样若按质量规律排序显示位置错误的奇怪例子突然就说得通了：因为较轻的镍有较多的质子，从而有较多的正电荷，因此必须排在钴的后面。在莫斯莱解开谜团之后，科学家再也不需要编造解释了。

正如本生的分光镜一样，莫斯莱的电子枪也梳理了令人困惑的放射性同位素（不同中子数、不同质量的同种元素）之间的关系，推翻了认为它们是新元素的错误主张，从而帮助化学界修正了元素周期表。莫斯莱还发现了元素周期表中新的 4 个空白——43 号、61 号、72 号和 75 号元素。（因为比金重的元素太昂贵了，他在 1913 年无法获得合适的样本做实验。否则，他也会发现 85 号、87 号和 91号元素这些新的空白。）

元素猎人

可悲的是，莫斯莱在 1915 年死于第一次世界大战。（他不顾军方的劝告，加入了英国军队。）科学家对莫斯莱最好的敬意，就是找到他所指出的元素周期表中那些缺失的元素。事实上，莫斯莱的发现刺激了元素猎人的灵感，他们突然非常清楚要寻找什么了，这使"元素游猎"一时间变得十分流行。很快，人们就开始争论是谁先发现了铪（72 号元素）、镤（91 号元素）和锝（43 号元素）。20 世纪 30 年代后期，其他研究小组在实验室里制造或发现了砹、钫元素，填补了 85 号和 87 号元素的空白。至 1940年，前述 7 个新的空白只有最后一个空白还没有被填补，那就是 61 号元素。

然而，奇怪的是，世界上只有几个研究团队在费心地寻找它。其中一个团队由埃米利奥·塞格雷领导，他们试图创造出一个人工样本，在 1942 年时他们离成功只有一步之遥。但尝试了几次后，他们就放弃了。直到 7 年后，美国田纳西州橡树岭国家实验室的 3 名科学家宣布，他们在一些老铀矿中发现了 61 号元素。至此，经过近百年的化学研究，前述的最后一个空白终于被填上了。

令人惊讶的是，61 号元素的发现并没有引起太大的兴奋，尽管它的名字是钷（promethium，普罗米修斯）。钷这样的中间元素带来的激动远远比不上钍和铀那样的重元素，更比不上这些重元素的著名后代——原子弹。

为了理解亚原子粒子的行为，科学家不得不创立一种全新的数学工具，叫量子力学。他们花了几年时间，才弄明白如何把量子力学应用在最简单的氢原子上。

与此同时，科学家开始更多地涉足与放射性相关的领域，也就是研究原子核如何分裂。以前的认知是所有的原子都可以失去或得到电子，但玛丽·居里和欧内斯特·卢瑟福这些伟大的科学家意识到，一些罕见的元素也可以改变它们的原子核（质子和中子）。通过进一步的研究之后，卢瑟福将这些原子核的改变分为几种常见的类型，他用希腊字母为之命名，称之为 α 衰变、β 衰变和 γ 衰变。γ 衰变是最简单也最致命的，它发生在原子核激发 γ 射线时，也是今天引发核噩梦的物质。在 β 衰变中，原子释放电子，而在 α 衰变中，原子释放大块的原子核。α 衰变和

β 衰变也涉及一种元素转变成另一种元素，这在 20 世纪 20 年代是一个迷人的元素转变过程。每一种同位素都以其特有的方式具有放射性，因此科学家对同位素的性质也越来越感到困惑和沮丧。

对此恍然大悟的时刻发生在 1932 年，当时卢瑟福的另一个学生詹姆斯·查德威克发现了原子核中中性的中子，它只增加原子核的质量，不增加电荷。再加上莫斯莱对原子序数的解释，原子突然变得更有趣了。中子的存在意味着你可以拥有一种元素的不同形式：它们的原子量不同，但正电荷数相同，并位于元素周期表的同一个格子里。放射性的性质也突然有了意义。β 衰变可以理解为中子转变成质子——由于质子数发生了变化，β 衰变使一种元素转变成另一种元素。α 衰变也会转变元素，这是原子核层面的最戏剧化的改变——两个中子和两个质子被带走了。

中子还帮助科学家理解了一种新型的反应。原子，尤其是较轻的原子，会尽量保持中子和质子之比为 1∶1。如果一个原子有太多的中子，它就会分裂，并释放出能量和多余的中子。附近的原子会吸收这些中子，这时它们也会变得不稳定，并分裂。这种分裂会释放出更多的能量和更多的中子，使更多的原子不稳定。它们继续分裂，继续释放更多的能量。如果释放至足够的能量，就会导致核爆炸，这个过程叫链式反应。

正当人们逐渐形成对电子、质子和中子的基本认识时，旧世界的政治秩序正在瓦解，第二次世界大战即将开始。

有了新的原子模型，科学家开始意识到，元素周期表上少数未发现的元素之所以没有被发现，是因为它们不稳定——它们会衰变。即使它们曾经在地球上很丰富，但现在早就已经衰变了。这轻易地解释清楚了元素周期表上为什么有空白。对不稳定元素的探索，很快就使科学家在无意中发现了核裂变与中子链式反应。在知道了原子可以分裂（裂变）之后，收集新元素就成为一种业余爱好。这就是为什么，在1939年爆发的第二次世界大战和原子弹爆炸的可能性面前，科学家更关心前者，因此直到十年之后才费心地找到了钚元素。

蒙特卡罗方法

然而，无论科学家对能制造出裂变炸弹的可能性有多么兴奋，仍然有许多工作将理论和现实分开了。虽然现在已经很难被记起，但当时的人们——尤其是军事专家——认为造出核弹的可能性很低。因为很难弄清楚要如何以可控的方式分裂原子，这远远超出了当时的科学水平，以至于美国政府对核武器的研究（曼哈顿工程）不得不采用一种全新的策略——蒙特卡罗方法。这种方法包括在纸上进行模拟，而不是实际地去做实验，它最终改变了"做科学"的含义。

如前所述，量子力学能对非常简单的原子有效。在1940年时，科学家已经知道原子吸收一个中子就可能爆炸，并可能释放出更多的中子。追踪某个特定中子的路径很容易，甚至比追踪球场上的一个足球还要简单。但想象一下，同时追踪一百个甚至一千个足球，就会困难得多。接下来的链式反应甚至更麻烦，因为这需要追踪数十亿个中子，所有这些中子都以不同的速度朝着各个方向运动。同时，铀和钚既昂贵又危险，不可能进行更多详细的实验。

曼哈顿工程的科学家接到命令，要精确计算出制造一枚原子弹所需的钚和铀的量：太少则炸弹不能成功，太多炸弹会自动爆炸，但精确这个量的代价是战争会延长几个月，因为提纯这两种元素极其复杂（以钚为例，必须先制造后提纯）。因此，为了取得成功，一些科学家决定忘掉通常的理论和实验方法，而去寻找一种新的科学方法——第三种科学方法，即蒙特卡罗方法。

为此，科学家使用了数百万的笔和纸来收集钚弹和铀弹的虚拟数据（而不是来自真实的实验数据）。

当然，这种计算的效果最多等于科学家的方程。但这次他们很幸运。科学家在曼哈顿工程期间进行的大量计算给了他们实际行动的巨大信心。1945年年中，新墨西哥州首次原子弹试验的成功证明了这种信心是正确的。几天后，一颗铀弹和一颗钚弹分别在日本的广岛和长崎上空爆炸，这也证明，这种以计算为基础的非常规的科学方法十分精确。

曼哈顿工程结束后，科学家各自回到家中，开始反思他们究竟做了什么（有些人为此感到很自豪，有些人则不）。很多人高兴地参与到项目中，常常在工作中忘记了时间。还有一些人对他们在项目中所学到的东西感到兴奋，这其中就包括斯塔尼斯拉夫·乌拉姆。乌拉姆是波兰难民，1946年他在新墨西哥州玩了几小时的扑克游戏。当他正在玩纸牌游戏时，他开始思考随机分配一幅牌的获胜概率。乌拉姆很快意识到，他玩牌时所使用的基本方法与科学家在洛斯阿拉莫斯国家实验室制造原子弹的实验方法如出一辙。不久之后，他与一位喜欢计算的朋友——另一位欧洲难民、曼哈顿工程的科学家约翰·冯·诺伊曼一起讨论了这个问题。乌拉姆和冯·诺伊曼都意识到，如果把他们的这种推算方法应用到其他类似的情况中，它会变得非常强大。这种方法不同于真实的实验，其结果并不确定，只能测算出一定的概率。但只要经过足够多的计算，他们可以相当肯定其出现的概率。

蒙特卡罗（因为它是基于著名赌场使用的概率）方法迅速流行起来。它减少了昂贵的实验。而且，人们对高质量的蒙特卡罗模拟器（用方程替代实验）的需求，也推动了早期计算机的发展，推动它们变得更快、更高效。

核弹的种类

当时，乌拉姆的蒙特卡罗方法主要适用于下一代的核武器。冯·诺伊曼和乌拉姆会时常出现在体育馆大小的房间里，那里安装着计算机，他们神秘地问计算机房的工作人员是否可以帮忙运行一些程序，这些程序会从午夜一直运行到早晨。在那些看似死气沉沉的日子里，他们正在研发的武器正是氢弹，这种多级核弹的威力要比普通的原子弹大一千倍。

科学家一直在寻找设计氢弹的合适方法。通过艰苦卓绝的努力之后，1952年，科学家终于找到了。在一次试验中，埃内维塔克环礁（太平洋上的一个小岛屿群）被一颗核弹摧毁。这又一次展现了蒙特卡罗方法的无限光芒。然而，核弹科学家已经有了比当时正在研究的氢弹更可怕的东西。

原子弹有两种方法起到杀伤作用。一种是只想杀死很多人、摧毁很多建筑的疯子所坚持使用的常规炸弹。这种弹很容易制造，它爆炸后会产生巨大的冲击波和疾风[1]，还会因热辐射将人体蒸发而在砖墙上留下烧焦的受害者轮廓的印迹等，这些都是起到杀伤作用的力证。如果这个疯子有耐心，想要做一些更恐怖的事情，他就会引爆钴 60 的脏弹，也被称为钴弹。

常规的核弹用热辐射杀人，而脏弹用 γ 辐射杀人——γ 辐射就是危险的 γ 射线发出的。除了可怕的灼伤，γ 射线还会深入骨髓，扰乱白细胞中的染色体。这些被辐射的细胞要么完全死亡，要么癌变，会不受控地生长和变异，无法抵抗感染。所有的核弹都会释放一些辐射，但脏弹的核心威力就是恐怖的 γ 辐射。

另一位参与曼哈顿工程的欧洲难民利奥·西拉德在 1950 年计算出，只要在地球上每平方英里喷洒约 2.83 克的钴 60，产生的 γ 射线就足以毁灭全人类。这种炸弹由

---

[1] 大多数核武器空爆造成的破坏，就是由静态超压和动态压强产生的疾风合成的效果。——编者注

多级弹头和钴 59 外壳组成。在炸弹中，钴原子会通过裂变和聚变收集中子，这一步骤叫作"盐化"。"盐化"将稳定的钴 59 转化成不稳定的钴 60，然后这些钴 60 会像灰烬一样飘落。

许多其他元素也会发射 γ 射线，但钴有一些特别之处。对于常规的原子弹袭击，人们可以暂时躲入地下掩体中避难，因为它们释放的大部分放射性原子最终会迅速衰变。如在 1945 年原子弹爆炸后的几天内，广岛和长崎或多或少是安全的。其他元素会吸收额外的中子，也会变成具有放射性的元素，但由于它们在最初的爆炸后衰变得很慢，辐射水平永远不会太高。

钴弹则介于两个极端之间。钴 60 原子会像小地雷一样埋入地底。足量的钴会立即爆炸，因此被钴弹袭击后必须撤离，但 5 年后，一半的钴仍然有放射性。钴弹会释放出稳定的 γ 射线，因此人们既不能等待，也不能忍受。要让这片土地恢复，至少需要经历人的一生。这实际上也使钴弹成为无用的战争武器，征服者会因为太危险而无法占领被他们摧毁的土地。但是，对于一个一心要消灭全人类的疯子，他不会在意这些。

西拉德希望他的钴弹——第一个"末日装置"——永远不会被制造出来。而且没有哪个国家尝试过（就公众所知）。事实上，西拉德提出这个想法是为了证明核战争的疯狂。在西拉德之前，核武器是可怕的，但并不一定导致世界末日。西拉德向世界展示钴60炸弹，是希望人们能够更好地了解核武器，从而放弃核武器。

但令人遗憾的是，收效甚微。

就在钚这个令人难忘的名字成为官方名称之后，苏联也有了原子弹。美国和苏联很快就接受了一个不那么令人放心但名字很贴切的MAD（mutual assured destruction 的缩写）即相互保证毁灭，指无论核战争期间发生了什么，双方都会因为留下的破坏而输掉战争。然而，无论这个MAD看起来多么疯狂，它确实阻止了人们使用核武器来作为战术武器。相反，紧张的国际关系导致了美国和苏联的冷战，这场斗争影响了整个世界，甚至连美丽的元素周期表都无法逃脱。

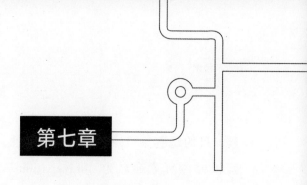

第七章

扩展元素周期表

1950 年，《纽约客》杂志刊登了一则奇怪的通告：

如今，新原子的出现率即使不是惊人的，至少也可以说是壮观的。加州大学伯克利分校（University of California at Berkeley）的科学家发现了 97 号元素和 98 号元素，分别命名为锫（berkelium）和锎（californium）。这些名字给我们的印象是，他们出乎意料地缺乏公关意识。毫无疑问，"加州伯克利"忙碌的科学家在最近找到两个新原子，而"大学分校"已经永远失去了出现在元素周期表上从而不朽的机会。比如他们本可以按照这个顺序命名：universitium（97 号元素），ofium（98 号元素），californium（99 号元素），berkelium（100 号元素）。

为此，伯克利分校以格伦·西博格和阿伯特·吉奥索为首的科学家针锋相对，他们回应说，他们选择如此命名元素，目的是避免"一种糟糕的可能性，即如果把 97 号元素和 98 号元素命名为'universitium'和'ofium'，一些纽约（New York）人会把之后的 99 号元素和 100 号元素命名为'newium'和'yorkium'"。

《纽约客》的工作人员回应说："我们已经在办公室的实验室里研究了'newium'和'yorkium'。到目前为止我们只是知道了名字。"

对伯克利分校的科学家而言，这些争论是一段有趣的时光。在超新星爆发后的几十亿年里，它们创造了太阳系的第一批新元素。没有人能预见到，这些元素的创造（甚至命名）很快就会带来巨大的痛苦，会成为美苏冷战的一个新转折。

美国制造

1940 年，西博格的同事兼朋友埃德温·麦克米伦创造出第一种比铀重的元素，因此获得了一连串的奖项。因为铀是以天王星的名字来命名的，所以麦克米伦就以天王星之外的行星将新元素命名为镎（neptunium）。麦克米伦还想做更多，他意识到 93 号元素相当不稳定，一个中子可能会转变成一个质子，从而衰变成 94 号元素。他在寻找下一种元素的证据，并把这个消息告诉了西博格。

1940 年发生的大事不只是发现了新元素。当年美国政府决定参加第二次世界大战，便开始把包括麦克米伦在内的科研明星投入雷达等军事项目中。西博格当时还不著名，没有被选中参与这项工作，所以他独自一人在伯克利分校，利用麦克米伦的设备进行实验，完全了解了麦克米伦的计划将如何进行。

西博格担心这是他成名的唯一机会，所以他和一位同事急忙找到了 93 号元素的少量样品。他们让镎衰变，通过溶解过量的镎筛选出放射性样品，直到只剩下少量的化学物质。他们用一种强大的化学物质一个接一个地剥离这种物质的电子，直到这些原子的电荷比已知的任何离子都高（+7）之后，从而证明了这种物质一定是 94 号元素。从一开始，94 号元素就显得很特别。继续探索太阳系的边缘，科学家用冥王星的名字将其命名为钚。在当时冥王星还是太阳系中的一颗行星，在海王星的外面。

西博格因此一夜成名。1942 年他被召到芝加哥，为曼哈顿工程的一个分支项目工作。他带来了一些学生，还有一个叫阿伯特·吉奥索的技术员。他们在战后回到了伯克利分校，开始制备重元素。正如《纽约客》所言，"即使不是惊人的，至少也可以说是非常壮观的"。吉奥索和西博格发现的元素比历史上的任何人都多，他们将元素周期表延伸了近六分之一。

他们的合作始于 1946 年，当时西博格–吉奥索团队研究了钚，最终制造出 95 号和 96 号元素，这为他们赢得了命名的权力。他们选择了镅，以美国命名；锔，以玛丽·居里命名。西博格在儿童广播节目《小朋友问答》上公布了这些元素，而不是发表在科学杂志上。有个孩子问西博格先生最近有没有发现什么新元素（哈哈），西博格说他已经发现了，并鼓励在家听节目的孩子告诉老师把旧的元素周期表扔掉。西博格在自传中回忆说，"从后来学生们的来信来判断，他们的老师都对此表示相当怀疑"。

这个团队接着又发现了锫（97 号元素）和锎（98 号元素）。前面说过，《纽约客》拿这个命名开过玩笑。他们继续填充元素周期表的新格子——这使学校的图表制造商可以继续经营，因为学校必须定期更换过时的图表。这个团队发现了 99 号元素和 100 号元素锿和镄。最辉煌的成就可能就是 101 号元素的诞生了。

元素随着质子的增多而变得脆弱，因此科学家很难制造出足够大的样品接受 α 粒子的喷射。想要获得足够的锿，甚至想要跃进到 101 号元素，都需要轰击钚达 3 年之久。而这只是第一步！每一次尝试创造 101 号元素，科学家都要在金箔上放置少量的镄，然后用 α 粒子撞击它。接着必须把金箔溶解掉。对于 101 号元素，因为没有足够的可做实验的原子来确定它的存在，所以研究小组必须用不同的方法来识别它——让 101 号元素的每个原子都分解，然后再观察这些碎片。

用 α 粒子撞击的步骤只能在一个实验室里完成，而探测样品只能在几千米外的另一个实验室里完成。所以每次做实验，当金箔溶解的时候，吉奥索就坐到一辆没有熄火的大众汽车里，等着开车把样品送到另一栋楼。这个团队选择在半夜工作，以防止样品因堵车而损失，如果一旦发生，那么努力就白费了。

这个团队刻苦地钻研。1955 年 2 月的一个晚上，他们的努力得到了回报。为了预测结果，吉奥索在大楼的火灾报警器上安装了辐射探测器，当它最终探测到 101 号元素的原子辐射时，铃响了。那天晚上，这种情况又发生了 16 次。每响一声，集合在一起的团队就欢呼起来。黎明时分，每个人都疲惫而幸福地回了家。然而，吉奥索忘记拆除他的探测器了。第二天早晨，当 101 号元素的一个滞留原子导致报警器最后一次响起时，人们都有一些恐慌，还以为发生火灾了呢。

伯克利的团队已经用他们的城市、州和国家命名了元素，现在他们提议把 101 号元素命名为钔，以德米特里·门捷列夫的名字来命名。从科学上说，这个命名是顺理成章的。但在外交上，冷战时期纪念一位俄国科学家则是一种大胆的想法。在美国，这个命名不是一个受欢迎的选择。当然，苏联人很喜欢。西博格、吉奥索等人想要表明科学超越了琐碎的政治。虽然是在冷战时，但这有何不可呢？

西博格很快就会离开，在吉奥索的指挥下，伯克利实验室继续前进。它几乎超越了全世界所有其他的核试验室，这些实验室被迫降级去验算伯克利实验室的计算。

有一次，来自瑞典的另一组科学家声称自己比伯克利实验室先拿到了 102 号元素，但伯克利实验室很快质疑了这个说法。相反，在 20 世纪 60 年代初，伯克利实验室发现了 102 号元素锘（以炸药发明家、诺贝尔奖的创始人阿尔弗雷德·诺贝尔的名字命名）和 103 号元素铹（以伯克利辐射实验室的创始人兼主任欧内斯特·劳伦斯的名字命名）。同时，苏联人也正在加紧准备！

俄罗斯人

关于他们所在的地球一角，一些俄罗斯人有自己的创世神话。故事说的是，很久以前，神怀揣着所有的矿物在地球上行走，以确保它们均匀分布。刚开始这个计划很顺利。钽在这里，铀在那里，诸如此类。但当神到达西伯利亚时，他的手指又冷又僵，所有的金属都掉了下来。他的手指冻伤了，抓不起这些矿物，因此不情愿地把它们留在了那里。俄罗斯人对此引以为豪，认为这就是他们矿产丰富的原因。

尽管地质资源丰富，但在元素周期表上，俄罗斯人只发现了两种"无用"的自然元素：钌（44 号元素）和钐（62 号元素）。相比于瑞典、德国和法国等国发现的几十种元素，这个纪录很糟糕。

从 20 世纪 30 年代开始，许多科学家去了西伯利亚诺里尔斯克郊外的镍工厂，那里的气温经常降到 -62.2℃。虽然诺里尔斯克最初是一座镍矿，但柴油烟雾中散发出的硫（16 号元素）的气味一直挥之不去。科学家在这里提取元素周期表上大部分的有毒元素，包括砷、铅和镉（48 号元素）等。这里的空气污染很严重，据说雪花是粉色或蓝色的——这取决于提炼的是什么元素。传言当他们需要所有的有毒元素时，天空就下起了黑色的雪。

1942 年，苏联的核科学家格奥尔基·弗廖罗夫注意到，尽管德国和美国科学家在核化学方面取得了巨大的进步，但科学期刊已经停止发表关于这一主题的文章。他推断，这只能说明一件事：这项研究已经成为国家机密。在一封类似于爱因斯坦写给富兰克林·罗斯福的关于启动曼哈顿工程的信中，弗廖罗夫把自己的怀疑告诉了斯大林，这点醒了他。斯大林醒悟过来后，召集了数十名物理学家，让他们参与到苏联的原子弹项目中。

1949 年，苏联成功试验了自己的核弹，斯大林非常高兴。8 年后，官方委托弗廖罗夫同志建立自己的研究实验室。这是位于杜布纳的一个单独的场所，离莫斯科约 130 千米。

在杜布纳的实验室里，苏联的科学家深入元素周期表的深处，尝试把较轻的元素聚合在一起。从表面上看，这些项目不过是简单的数学运算。对于制造 102 号元素，理论上你可以用镁撞击钍（90 号元素），或者用钒（23 号元素）撞击金。但很少有结合在一起的例子，所以科学家必须投入大量的时间计算，确定哪些元素值得他们花费金钱和努力。弗廖罗夫和他的同事研究并复制了伯克利实验室的技术。西博格、吉奥索和伯克利团队在 101 号、102 号和 103 号元素上打败了苏联人。但在 1964 年，杜布纳团队宣布率先制造出了 104 号元素。

针对这一事件，回到美国这边，他们听闻此事后，则是愤怒紧随着震惊。伯克利团队的自尊心受到了伤害，他们检查了苏联的结果，毫不意外，他们说这些结果很粗糙。同时，伯克利团队也开始制造 104 号元素。在西博格的建议下，吉奥索的一个团队在 1969 年做到了。然而，在那时，杜布纳团队已经制造出 105 号元素。伯克利团队再次奋力追赶，同时一直说苏联人误读了他们的数据。两个团队都在 1974 年制造出了 106 号元素。仅仅几个元素发现后，当年以钋的命名为基础的国际团结就已经烟消云散了。

两个团队都开始命名"他们的"元素。这个名单很长，在这里不赘述了。也许是受以伯克利的名字来命名的锫的启发，杜布纳团队把一个元素命名为𨧀（dubnium）。伯克利团队还把 106 号元素命名为𨭎（seaborgium，以格伦·西博格的名字来命名）。以一个活人的名字来命名，虽然不"违法"，但以美国的角度来看是不体面的。在世界各地，不同的元素名称开始出现在学术期刊上，元素周期表的印刷者都不知道该如何分类了。

IUPAC

令人惊讶的是，这场争论一直延续到了 20 世纪 90 年代。当时，更令人困惑的是，有一个来自联邦德国的团队走在了争吵不休的美国人和苏联人的前面，自己给争议的元素起了名字。最后，国际上管理化学的机构，国际纯粹与应用化学联合会（IUPAC）不得不介入，试图来解决所有的命名争议问题。

1995年，IUPAC公布了第104号至109号元素的正式名称。这个妥协让杜布纳团队和达姆施塔特（联邦德国团队的基地）团队很高兴。但当伯克利团队看到镭从名单中被删除后，他们非常愤怒。为此，他们召开了记者会，大致上是这么说的："我们在美国就使用镭。"一个在全世界都非常有影响力的美国化学集团也支持伯克利团队的这一举动。这就改变了当时的形势，IUPAC也改变了主意。当1996年公布最终名单时，它包括了106号元素镭，以及其他元素在元素周期表上的官方名称：𬬻（104号元素）、𬭊（105号元素）、𬭛（107号元素）、𬭶（108号元素）和鿏（109号元素）。

但是故事还没有结束。到了20世纪90年代，美国在元素发现上已经落后于俄罗斯和德国。仅仅在1994年到1996年，德国人就在极短的时间内相继发现了110号元素𫟼（darmstadtium），以他们的基地命名；111号元素𫓧（roentgenium），以伟大的德国科学家威廉·伦琴的名字命名。他们还在2009年6月发现了112号元素鎶

（copernicium），以哥白尼的名字命名——他最早提出太阳系的中心是太阳而不是地球。伯克利团队不想认输，他们在 1996 年雇了一个叫维克多·尼诺夫的保加利亚年轻人，他来自曾经发现 110 号和 112 号元素的团队。

为了绝地反击，1999 年，尼诺夫领导的美国团队进行了一项雄心勃勃的实验，用氪撞击铅，试图制造 118 号元素。很多人说这是不可能的，但氪实验奇迹般地成功了！科学家开玩笑地说："维克多一定是直接与上帝对话了。"最妙的是，118 号元素会马上衰变，释放出一个 α 粒子，变成了 116 号元素。这也是一种新元素。伯克利团队一箭双雕，得到了两个元素！伯克利分校的校园中流传着这样一个谣言，说这个团队将奖励老阿伯特·吉奥索一个自己的元素，118 号元素 "ghiorsium"。

只是，当俄罗斯人和德国人试图重复这个实验时，只发现了氪和铅，并没有发现 118 号元素。因此，伯克利团队重新做了这个实验。但即使经历了数月的检查，他们也没有发现任何新东西。他们回头查看 118 号元素的原始数据文件时，发现了一件令人恼怒的事情：没有数据！没有证据能证明 118 号元素的存在。所有迹象都表明，维克多·尼诺夫控制了至关重要的辐射探测器和运行探测器的计算机软件，编造了数据。当元素只存在于虚拟的计算机里时，一个人就可以通过劫持技术来愚弄世界了。

得知真相后惊骇不已的伯克利团队不得不撤回发现 118 号元素的申请。尼诺夫也被解雇了。伯克利实验室的预算也被大大削减。直到今天，尼诺夫仍然否认他伪造了数据。更糟糕的是，美国科学家被迫前往杜布纳的实验室，要在俄罗斯研究重元素。

2006 年，一个位于杜布纳的国际研究小组宣布，在用一百万亿亿个钙原子撞击一个锎靶时，他们得到了 3 个 118 号元素的原子。这种说法得到了支持。在过去的几年里，3 种以俄罗斯科学家和俄罗斯城市来命名的新元素加入了表格：𬭊（114 号元素）、镆（115 号元素）和𫔭（oganesson，118 号元素）。美国人也可以昂首挺胸了。因为冷战结束后，美国和俄罗斯之间变得更加友好了。在美国科学家的参与下，两种新元素诞生于俄罗斯，且加入了元素周期表：𬭛（116 号元素），以一个政府实验室的名字来命名；䅡（tennessine，117 号元素），以美国田纳西州的名字来命名。

3

错误和竞争

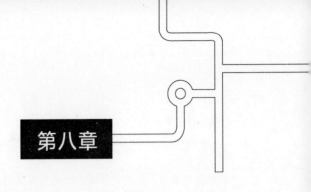

第八章

糟糕的化学

　　除了格伦·西博格和阿伯特·吉奥索，还有很多科学家帮助人们改变了看待元素周期表的方式。莱纳斯·鲍林就是其中一位。从 20 世纪 30 年代开始，鲍林在几十年内就成了物理和化学领域的传奇人物。在大多数人没听说过的科学家中，他是非常伟大的一位。尽管有人可能听说过他，也可能只是知道他犯了科学史上的一个大错误而已。

　　当然，犯了科学上的错误也并不总是坏事。像硫化橡胶、聚四氟乙烯以及青霉素的出现，都是源自错误。纵观历史，笨拙或重大的错误推动着科学的进步。但鲍林犯的错并不是这种——他的错更严重，也更无用。在他看来，他是在做一个复杂的项目。但话又说回来，他本可以通过更仔细地研究元素周期表来避免这个错误。

哎呀！ 这不是我要的发现！

对科学家而言，也许这句著名的格言应该是这样的：如果一开始没有成功，那就尝试，尝试，再尝试……把你的失败变成另一种成功。下面是一些你可能非常熟悉的科学探索上的意外之喜。

"机灵鬼"发明于1943年，当时机械工程师理查德·詹姆斯正在尝试为轮船制造弹簧。他把一些样品撞倒在了架子上，注意到它们正在"走路"。所以他知道自己手上有了一些特殊的东西。即使这不是他真正想要的。

机灵鬼

你相信便利贴在20世纪70年代以前不存在吗？1968年，美国3M公司的雇员斯潘塞·西尔弗意外发明了一种粘不住任何东西的黏合剂。直到1974年，西尔弗的一个同事正在寻找一种方法把纸页粘在圣歌集上，方便他在教堂合唱团唱歌时使用。他想起了西尔弗的这个看似毫无用处的胶水，便它派上了用场。

便利贴

二战期间，珀西·勒巴朗·斯宾塞正在研究如何改进雷达中使用的磁控管。有一天，实验出了意外，导致他放在口袋里的糖棒熔化了。为此，他甚至还尝试了用微波爆玉米粒，把爆好的爆米花给同事吃。这真是美味的意外！

微波炉

其他意外的发现

硫化橡胶

X射线

青霉素

聚四氟乙烯

形状很重要

简而言之，莱纳斯·鲍林几乎计算出了关于原子间化学键的一切信息：键的强度，键的长度，键的角度，几乎一切。由于化学本质上是研究原子的成键和断键，所以鲍林单枪匹马地使化学变得现代化了。

在那次胜利之后，鲍林继续研究基础化学。他很快就明白了为什么雪花是六边形的：因为冰的分子晶体结构多是六边形的。同时，鲍林显然希望超越原子间的简单化学键。例如，他的一个项目弄清楚了为什么镰状细胞贫血会置人于死地：红细胞中畸形的血红蛋白不能吸附氧气。这项关于血红蛋白的研究非常引人注目，因为这是第一次有人把一种疾病的成因追溯到一种功能紊乱的分子身上。它改变了医生对医学的看法。

在所有这些例子中，鲍林真正感兴趣的是（除了对医学的明显的好处），当小原子自动组装成更大的结构时，新的特性如何奇迹般地出现了。真正令人着迷的是，大分子的行为往往与构成它们的原子完全不同。例如，钠是非常活跃的金属，能够在水中燃烧。氯是一种有毒的黄绿色气体。但是把它们结合在一起，你就得到了食盐。

除非亲眼所见，否则你永远不可能猜到，碳原子、氧原子、氢原子和氮原子可以组合成一种非常有用的物质——氨基酸。你也不会想到，几个氨基酸可以折叠盘曲后，变成构成生物体的蛋白质。

这项工作甚至比创造新元素更加复杂。但复杂性的跃升也为误解和错误留下了空间。如果鲍林没有在一种叫DNA（脱氧核糖核酸）的螺旋结构上犯错误，他肯定会被认为是史上最伟大的五位科学家之一。

DNA 的形状

和大多数科学家一样，鲍林直到1952年才对DNA感兴趣，尽管瑞士生物学家弗雷德里希·米歇尔早在1869年就发现了DNA（当时称核素）。DNA是什么？科学家所知甚少。它是一条长链，每条链都有一个由脱氧核糖-磷酸链组成的骨架。还有骨架上突出的碱基，就像是脊柱的关节。这条长链的形状，它们连接起来的方式，仍然是一个谜——一个非常重要的谜。鲍林在研究血红蛋白时曾经指出，形状可以影响分子的工作方式。很快，DNA的形状就成了生物学中最重要的问题之一。

所有人都认为，如果只有一个人足够聪明且能够解答这个问题，那么一定是鲍林。鲍林本人也是这么认为的。

这不是傲慢，至少不是目空一切：鲍林之前没有被打败过。所以在 1952 年，鲍林坐在加利福尼亚的办公桌前破译着DNA。他错误地认为，碱基位于每条链的外侧，由脱氧核糖-磷酸链组成的骨架朝向分子的中心。鲍林还推断，DNA 是一个三螺旋结构，是由三条这类骨架构成的螺旋结构。不幸的是，鲍林的数据来自一个干涸的 DNA 样本，这使分子看起来更加复杂了。但在理论上，这一切似乎都是可能的。

一切都很顺利，直到鲍林让一位研究生来验算他的计算结果。这名学生照做了，但他很快就陷入了混乱，他试图找出自己错在了哪里、鲍林对在了哪里。最终，这名学生向鲍林指出，他的理论中有些地方似乎不太正确。

这个研究生解释了他的想法。但鲍林就是鲍林，他礼貌地忽视了学生的质疑。既然鲍林不愿意听取意见，为什么还要麻烦别人来验算呢？这个原因尚不清楚，但鲍林忽视学生的理由是很清楚的。因为他想占领科学发现上的优先，也就是说，他想获得破解DNA的荣誉。因此，在 1953 年年初，他匆忙地将三链模型付印了。

与此同时，在大西洋彼岸的英国剑桥大学，两名研究生正在阅读鲍林的论文。鲍林的儿子彼得和詹姆斯·沃森、弗朗西斯·克里克在同一个实验室工作，彼得把这篇论文给他们看了。这些不知名的学生迫切地想解决DNA的问题，从而开创一番自己的事业。鲍林的论文让他们大吃一惊：他们曾在一年前构建了同样的模型，但另一位科学家认为这是不可能的，所以他们就尴尬地放弃了该模型。

这位科学家就是罗莎琳德·富兰克林，她检查了鱿鱼的DNA，计算出DNA是由两条脱氧核糖-磷酸链组成的骨架，而不是三条。如果鲍林看到了富兰克林的数据，他有可能会立刻破解DNA，但在1952年，他的护照因政治原因被吊销，使他无法前往英国参加一个重要会议。否则，他就有可能听说富兰克林的研究了。

看到这篇论文后，沃森和克里克不再怀疑自己的模型，马上去找了他们的导师威廉·布拉格（鲍林的竞争对手之一）。布拉格在几十年前曾获得过诺贝尔奖，他当时因为在关键发现上输给了鲍林而很痛苦。在沃森和克里克陷入三链困境的时候，布拉格曾禁止他们做DNA的研究。但是，当他们展示了鲍林的错误并承认他们一直在秘密研究时，布拉格看到了打败鲍林的机会。他马上让学生们回到了DNA的研究上来。

首先，克里克给鲍林写了一封遮遮掩掩的信，请他解释他的发现。这扰乱了鲍林的计划。彼得·鲍林提醒了他的父亲，说有两名学生正在奋起直追地研究DNA，但鲍林仍然坚信他的三链模型会被证明是对的。沃森和克里克都知道鲍林很固执，但并不愚蠢，他很快就会发现自己的错误。于是他们开始苦思冥想，他们自己从来没有做过实验，只是出色地解释了别人的数据。1953年，他们终于从另一位科学家那里得到了丢失的线索。

那个人告诉他们，DNA的四种碱基（缩写为A、C、T、G）总是成对出现的。也就是说，如果一个DNA样本中有36%的A，那么它一定会有36%的T。这是非常肯定的。C和G也是如此。因此，沃森和克里克意识到，DNA中的A和T、C和G是成对的。（讽刺的是，那位科学家曾在多年前的一次海上航行中对鲍林说过同样的话。鲍林却因为自己的假日被一个大嗓门的同事打扰了很恼火，就把这位同事打发走了。）而且，奇迹中的奇迹就是，这两对碱基就像拼图一样紧密地结合在一起。这也解释了为什么DNA会排列得如此紧密。所以当鲍林在他的模型上挣扎时，沃森和克里克已经推翻了自己的模型，使之变成了一种扭曲的梯子状结构——著名的双螺旋结构。一切都验算无误后，在鲍林还没有来得及弥补自己的错误时，他们就在1953年4月25日的《自然》杂志上发表了这个模型。

那么，鲍林对这一公开的羞辱有何反应呢？他与20世纪最伟大的生物学发现之一——生命蓝图的发现——失

DNA 的双螺旋结构

腺嘌呤 (A) —　　　　　— 胸腺嘧啶 (T)
胞嘧啶 (C) —　　　　　— 鸟嘌呤 (G)

氢键

碱基对

脱氧核苷酸单链

之交臂，输给了他的竞争对手布拉格实验室，鲍林会有何反应呢？他表现出了令人惊叹的自尊。当然，我们所有人都希望自己在类似的情况下也能够表现出同样的自尊。对此，鲍林承认了自己的错误，承认了失败，他甚至还在1953年的年底邀请了沃森和克里克来参加由他组织的一个专业会议，从而提携了他们。

在DNA的研究上失利后，鲍林获得了一个安慰奖：迟来的1954年的诺贝尔化学奖。鲍林又开始涉足新的领域，这是他的典型做法。由于慢性感冒的困扰，他开始在自己身上做试验——服用了大剂量的维生素。不知道为什么，他的确被治愈了，所以他激动地将此事告诉了所有人。最终，他诺奖得主的名声推动了服用营养补充剂的高潮，这股热潮一直持续到了今天，包括"维生素C可以治愈感冒"这个科学上不太可能的观点（抱歉！）。

鲍林曾拒绝为制造核弹的曼哈顿工程工作。此外，他还是世界上主要的反核武器活动家，参加过抗议活动，并撰写了《不再有战争！》（*No More War!*）等书。他甚至在1962年出人意料地获得了第二个诺贝尔奖——诺贝尔和平奖，成为唯一一个单独获得两次诺贝尔奖的人。那一年，与鲍林共享斯德哥尔摩舞台的还有两名诺贝尔生理学或医学奖得主：詹姆斯·沃森和弗朗西斯·克里克。

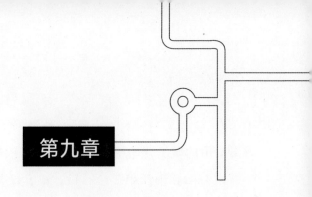

第九章

投毒者的走廊

　　莱纳斯·鲍林在经历了重重困难之后，才明白生物学法则比化学法则更加微妙。你可以用化学方法改变氨基酸，得到基本上一样的分子。然而，生物体中的蛋白质很脆弱，也更复杂，更容易被破坏，特别是当它们被流氓元素污染的时候。最讨厌的元素可以假扮成能支持生命活动的矿物质，它们在人体中的表现与其他必需元素没有什么区别。这是元素周期表中的黑暗故事，讲述了某些元素如何巧妙地毒害生命。这些故事充分利用了"投毒者的走廊"，即元素周期表右下的一群致命的元素。

骨痛病

　　"投毒者的走廊"中最轻的元素是镉。710年，日本神岗矿山的矿工开始挖出贵金属。在接下来的几个世纪里，神岗的山脉中产出了金、铅、银（47号元素）和铜（29号元素）。但直到1200年后，矿工们才发现了镉。

1904年至1905年的日俄战争，以及10年后的第一次世界大战，极大地增加了日本对金属的需求，其中包括用于制造装甲、飞机和弹药的锌（30号元素）。镉在元素周期表中位于锌的下方，这两种元素在自然界中经常一起出现。为了提纯锌，去掉镉，神岗的矿工会加热矿物并用酸溶解。然后，他们把剩余的镉渣倒进溪流或倒在地面上，这些镉因此进入了当地的供水系统。

今天，没有人会这样倾倒镉了。它是电池和电脑部件的防腐涂层，已经变得很有价值。它在颜料和鞣剂中的应用也有很长的历史。在20世纪，人们甚至曾使用闪亮的镀镉来装饰时髦的水杯。

但是，人们如今不这样倾倒镉了，主要是因为它会造成严重的医疗问题。制造商后来去掉了水杯中的镉，是因为每年都有数百人因此患病：酸性的果汁使镉从容器壁上析出来，进入液体中。

早在1912年，医生就注意到神岗矿山附近的稻农染上了可怕的新疾病。农民患上了关节损伤和骨头疼痛的疾病，尤其是女性——每50个病例中就有49个是女性。此外，患者普遍会出现肾脏衰竭的体征，他们的骨骼因为日常工作和各种压力变得柔软、易裂。一个医生在给一个女孩把脉时就弄断了她的手腕。这种神秘的疾病在20世纪30年代至40年代暴发。它从一个村庄传播到另一个村庄，被称为骨痛病或痛痛病。痛痛病得名于患者的哭喊声。

直到第二次世界大战结束后的1946年，当地的医生萩野昇才开始研究骨痛病。最开始，他怀疑病因是营养不良。当这个推论被证明是错误的之后，他把注意力转向了矿山。在一位公共卫生教授的帮助下，萩野昇开始绘制骨痛病案例的分布地图。他还绘制了另一幅地图，标明了神通川的流向——这是一条流经矿山和几千米外的农田的河流。当他把两幅地图叠在一起时，发现二者几乎一模一样。他在测试了当地的作物之后，意识到这里种的稻米就相当于是吸收镉的"海绵"。

锌是人体中一种必需的矿物质。当镉与土壤中的锌混合时，进入了土壤中种植的稻米中。在人食用了含有镉的稻米后镉进入了人体，它可以通过替代锌来干扰人体内的锌。镉有时也会替代钙（这两种元素都是+2价的离子），因此它对骨骼也有影响。但是镉无法替代锌和钙（20号元素）的功能，而且很难排出体外。当地的饮食非常依赖大米，大米缺乏一些必需的营养元素，所以农民的身体中也缺乏某些矿物质。镉很擅长假扮这些矿物质，所以农民身体里的细胞开始以很快的速度将镉吸收到器官中，最终形成病变。

1961年，萩野昇公布了他的这项研究结果。可以预见也可以理解的是，负有法律责任的三井金属矿业株式会社否认了所有的不当行为（它只是收购了造成损害的公司）。直到1972年，日本国家卫生委员会根据萩野昇的证据提出了反驳，判决正是镉污染导致了骨痛病。12年后，48号元素造成的恐怖仍然在日本占有一席之地，以至在哥斯拉怪兽系列的续作《哥斯拉之怪兽王复活》中，仍有日本军队部署了镶有镉的导弹来杀死哥斯拉的情节。故事中是一颗原子弹赋予了哥斯拉生命，所以如果认为镉比这只怪物都还要厉害，那么这真是一个相当悲观的想法。

更可怕的是，镉并不是所有元素中最恐怖的毒药。汞的位置在镉的下面，它是一种神经毒素（攻击神经系统的物质）。汞的右边是元素周期表中最恐怖的嫌犯——铊（81号元素）、铅和钋（84号元素）——"投毒者的走廊"的核心。

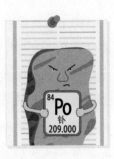

投毒者的毒药

相比于易爆的钾（19 号元素）和钠，"投毒者的走廊"中的元素显得更加微妙。它们可以在深入人体之后才"爆炸"。此外，这些元素（和元素周期表右下的许多重金属一样）可以根据情况释放出不同数量的电子。例如，钾总是失去 1 个电子形成 K^+，铊可以失去 1 个或 3 个电子形成 Tl^+ 或 Tl^{3+}。因此，铊可以伪装成许多不同的元素，并不知不觉地潜入身体中许多不同的部位。所以，铊被认为是元素周期表上最致命的元素之一。

铊可以侵入动物的细胞。一旦进入体内，铊就开始破坏细胞蛋白质中的氨基酸，使它们失效。而且不同于镉，铊不会只待在骨头或肾脏里，而是会遍布全身，对体内的每一个细胞都能造成巨大的损害。

由于这些原因，铊被称为"投毒者的毒药"。它有杀死多人的可怕纪录，美国中央情报局（CIA）甚至制订了一个计划，用铊来杀死古巴共产党的领导人菲德尔·卡斯特罗。他们计划在卡斯特罗的袜子上撒一种含铊的滑石粉。这样铊就会使卡斯特罗的头发和著名的胡须全部脱落，这尤其使CIA的特工感到好笑。但没有记录表明该计划为何没有实施。

铊和镉等元素能作为毒药，另一个原因就是它们会在体内存在很长时间。并不是仅仅说它们会像镉一样在体内累积。而是，这些元素和氧一样，可能会形成十分稳定的原子核，永远不会有放射性。因此，地壳中仍然存在相当数量的这类元素。比如最重的稳定元素铅。它在元素周期表中的第82格，82是一个幻数。

还有钋，它是核时代的"投毒者的毒药"。2006年11月，俄罗斯特工亚历山大·利特维年科在伦敦的一家寿司店喝茶时就被钋毒死了。

钋后面还有86号元素氡（暂时跳过极罕见的元素85号元素砹）。氡是一种稀有气体，无色无味，不与任何物质发生反应。它作为一种重元素，可以代替空气被吸进肺里，并释放出致命的放射性离子，最终导致肺癌。这是"投毒者的走廊"中的元素杀死你的另一种方式。

事实上，放射性主导着元素周期表的底部。重元素几乎所有的用处都取决于它们如何产生放射性，以及如何更快地产生放射性。这个特性最好的解释也许是一个美国年轻人的例子，他非常沉迷于危险的元素。

放射性童子军

大卫·哈恩非常想解决世界能源危机。这个 16 岁的美国底特律的男孩，在母亲家后院的小屋里搭建了一个核反应堆！这是 20 世纪 90 年代中期美国童子军鹰级童军[①]的一个项目。

一开始大卫受一本书的影响，书名是《化学实验金书》（*The Golden Book of Chemistry Experiments*）。他很快就厌倦了简单的化学装置，开始疯狂地玩那些足以把卧室墙壁和地毯炸得粉碎的化学品。不久之后，他母亲只好让他住在了后院的小屋里，这对他来说很合适。不幸的是，大卫的化学实验似乎没有什么进步。有一次，在一次童子军会议前，他的皮肤被染成了橙色，因为他正在研究的一种人造鞣剂在他脸上爆炸了。在另一场事故中，他引爆了

---

① 美国童子军中，童军阶段能达成的最高等级即为鹰级童军。——编者注

一个装钾的容器。一个月后，一个眼科医生还在他的眼睛里挖出了塑料碎片。即使经历了这些，灾难仍在继续。

为了启动核反应堆，他化名"哈恩教授"给政府官员写信，希望获得实验所需的信息。大卫决定建造一个"增殖反应堆"，通过巧妙地结合放射性元素来制造燃料，这远远超出了他最初追求的原子能奖章（真的）。

大卫选择在周末进行这个项目。因为他的父母离婚了，他只有一部分的时间是跟母亲住在一起的。为了安全，他穿上了牙医的铅围裙来保护自己的器官免遭辐射。

在他的所有努力中，最简单的一部分可能就是找到启动核反应堆所需的钍-232。钍化合物的熔点极高，所以在加热时会发出格外明亮的光。在家里，使用钍灯是非常危险的，但在矿井中，钍灯很常见。钍灯用一种小网状的灯罩替代了细细的灯丝。因此，为了获得钍，大卫从一个批发商那里订购了数百个替换的钍灯灯罩，关于此事当时没有任何人问他任何问题。于是，他开始用喷灯把灯罩加热成钍灰。他还用钢丝钳切开电池获得了价值约1000美元的锂，然后再用这些锂来处理钍灰。大卫用本生灯来加热活跃的锂和钍灰，得到了纯净的钍——他的核反应堆堆芯需要的就是这些钍。

大卫还需要铀235。于是他在他的庞蒂亚克汽车的仪表盘上安装了一个盖革计数器（一种通过嘀哒嘀哒声来记录放射性的设备），然后驾车在密歇根郊区兜风，仿佛他要凭运气在树林里找到铀"热点"一样。大卫最终是从捷克共和国的一个不太正规的供应商那里得到了一些铀矿，但那是普通的、基本上无用的铀238。他所需要的是铀235。

一些耸人听闻的媒体后来报道说，大卫几乎成功地在小屋里搭建了一个核反应堆。但事实上，他离搭建核反应堆还差得很远。他的确收集了一些危险的材料，他可能也因此缩短了寿命。但收集这些材料是搭建核反应堆中最容易的一部分。同时，用放射性物质来毒害自己的方法有很多，但想从中得到有用东西的方法却非常非常少。

后来的故事是，警方在偶然间发现了大卫的计划。有一天深夜，他们发现大卫在一辆停着的车边转悠，以为他是一个想偷轮胎的孩子。他们搜查了他的庞蒂亚克汽车。大卫好心却又愚蠢地警告他们，车上装满了放射性物质。警察还发现了装有奇怪粉末的容器，便把他带回去审问。大卫很聪明，他没有提到母亲后院盆栽棚里的加热设备——其中的大部分他已经拆除了，因为他担心进展太快，可能会留下一个大坑。

美国联邦机构试图决定由谁来负责大卫的案子——在

此之前，没有人尝试过用核能非法地拯救世界。案子被拖了几个月。与此同时，大卫的母亲担心自己的房子会被废弃，所以在一天晚上溜进了大卫的实验室，把几乎所有的东西都扔进了垃圾桶。几个月后，官员们终于穿着生化服冲进了后院，彻底搜查了整间小屋。即便如此，那些残留的罐子和工具显示出的放射性仍是自然界中正常水平的1000 多倍。

这个放射性童子军的故事有一个悲伤的结局。在沉寂了几年之后，2007 年，警方又抓住大卫·哈恩在自己的公寓楼里偷烟雾报警器。根据大卫的案底，这是一项严重的罪行，因为烟雾报警器中含有放射性元素镅。事实上，他曾经被抓过一次，当时他还是童子军，他在一个夏令营里偷烟雾报警器。

当大卫的嫌犯大头照被泄露给媒体时，他满脸红肿，就像长了严重的青春痘一样。但31 岁的男性通常不会长青春痘。最有可能的解释是，他还在做更多的核试验。化学再一次愚弄了大卫·哈恩，他从未意识到元素周期表充满了欺骗。这是一个可怕的警示：尽管元素周期表底部的重元素在日常生活中正常使用通常是没有毒性的，但非正常大剂量接触后仍然可以毁灭一个人的生命。

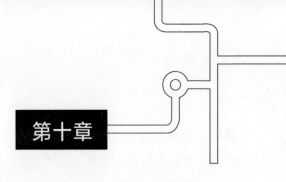

第十章

每天俩元素，疾病
远离我

元素周期表是诡计多端的。相比于"投毒者的走廊"里的元素赤裸裸的肮脏，大多数元素要复杂得多。比如，在一种情况下有毒的元素，在另一种情况下或许能拯救生命。一些以某些元素为基础的药物，其名声可以追溯到很久很久以前。

银的魔力

据推测，罗马军官比普通士兵更健康，因为他们用银盘子吃饭。美国早期的拓荒者们至少会买一枚完好的银币，在穿越荒野的时候，他们把银币藏在一个牛奶罐里。不是为了保存银币，而是为了防止牛奶变质。著名的绅士、天文学家第谷·布拉赫在1564年的一场决斗中失去了鼻子，据说他为此订购了一个银质的替代物。这种金属很时髦，更重要的是，它可以防止感染。

后来，考古学家挖掘出布拉赫的尸体，在他头骨的前面发现了一个绿色的硬皮——这表明布拉赫戴的可能不是银鼻子，而是更便宜、更轻的铜鼻子。不管是铜还是银，这个故事都讲得通——现代科学证明这些元素有杀菌的功效。如果某些微生物在铜质或银质的物体上，它们就会吸收一些金属原子。这些原子扰乱了它们的内部活动。几小时后，这些微生物就会死亡。

银和铜的区别在于，如果摄入了银，皮肤就会永远变成蓝色。这就是银质沉着症，还好它不致命，也不会对人体造成伤害。20 世纪初，一名男子服用了过量的硝酸银，在一场畸形秀中以"蓝人"的身份谋生。他服用硝酸银是为了治疗另一种疾病。

后来，美国蒙大拿州一个叫斯坦·琼斯的男性在 2002 年和 2006 年竞选了美国参议员，尽管他有令人担忧的蓝色皮肤。值得赞赏的是，琼斯对自己的处境很有幽默感：记者问他，当孩子和大人在街上指着他时，他会如何回应。琼斯回答说："我会告诉他们，我在准备万圣节服装。"

琼斯也非常乐于解释他是如何变蓝的。1995 年，他迷上了千年虫问题。当时人们预测，千年虫问题会在全球范

围内引起混乱，因为缩写的"00"曾经是指 1900 年，当
1999 年 12 月 31 日午夜转钟时，计算机会突然认为时钟倒
转了 100 年。一些人预测，随着数字世界变得疯狂，飞机
会从空中坠落，人类文明会崩溃。

琼斯对此尤其担心，在即将到来的混乱中，人类可能
会缺乏抗生素。他决定为自己的免疫系统做最好的准备。
于是，他开始在后院制备一种银水。琼斯喝了四年半的银
水，直到 2000 年 1 月千年虫失败。尽管他的恐惧没有成
为事实，但琼斯一点也不后悔喝了那么多银水。他说，如
果他生病了，他会再喝一次，"活着比变蓝更重要"。

镜像

一般来说，最好的现代药物不是你在元素周期表上找
到的单个元素，而是由几种不同的元素组成的复杂化合
物。然而，在现代药物史上，一些意想不到的元素发挥了
重要作用。这段历史主要涉及一些不太知名的英雄科学
家，比如格哈德·多马克。这段历史的起点，是路易·巴
斯德和他的一个特殊发现。巴斯德在生物中发现了一种分
子特性，叫作手性（handedness），这触及了生命的本质。

你可能习惯用右手，但奇怪的是你不是右手性，而是

左手性，你体内的每一种蛋白质的每一个氨基酸都是左旋的。事实上，几乎所有生命形式的每一种蛋白质都是左手性。

1849 年，27 岁的巴斯德受一位酿酒师的委托，开始研究酒石酸。这是酿葡萄酒的过程中产生的一种无害的废物。葡萄籽和酵母分解成酒石酸，并以晶体的形式聚集在酒桶的底部。

酵母中的酒石酸还有一种奇怪的性质：把它溶解在水中，通过一条垂直的狭缝用光照射溶液，光束会顺时针旋转，偏离垂直方向，就像拨动表盘一样。但人造的酒石酸并不会这样。当垂直的光束穿过溶液时，它不会旋转。针对这一现象，巴斯德想弄清楚这是为什么。

要理解左手性分子和右手性分子的区别，可以看看自己的双手。想象你戴了一双连指手套。大多数连指手套两只手都可以戴，所以我们可以说连指手套没有手性。相比之下，想象你戴了一双棒球手套。棒球手套只有一只手能戴，所以棒球手套是右手性或左手性的。有些分子也是这样的。由于各种原因，你的身体更钟爱某种手性的分子，而"错误"手性的分子可能是有害的。

他断定这与两种酒石酸的化学性质无关。它们在化学反应中表现出完全相同的行为，而且它们都含有完全相同的元素。只有当他用放大镜检查晶体时，巴斯德才注意到了二者的不同。酵母中的酒石酸晶体都朝一个方向旋转，就像被切断的左拳。人造的酒石酸有两种旋转方式，像是左拳和右拳的混合物。

出于好奇，巴斯德开始了一项非常乏味的工作：用镊子把盐粒大小的颗粒分成左旋堆和右旋堆。然后他把每一堆都溶解在水里，用更多的光束测试。正如他所怀疑的那样，酵母晶体使光顺时针旋转，镜像晶体使光逆时针旋转，而且旋转度数完全相同。大致说来，巴斯德已经证明了有两种酒石酸，它们完全相同，只是互为镜像。更重要的是，巴斯德后来扩展了这个观点，证明生命更加钟爱一种手性的分子。化学家把这种左手性和右手性称为手性（chirality）。

巴斯德后来承认，他是凭着一点运气才完成了这项杰出的工作。不同于大多数分子，酒石酸的手性很好分辨。更幸运的是，天气很配合。在制备人造酒石酸的时候，巴斯德把它放在窗台上冷却。只有在约26℃以下，酒石酸才会分解成左手性晶体和右手性晶体。如果那个季节天气暖和一些，他就不可能发现手性了。尽管如此，巴斯德知道运气只是他成功的部分原因。正如他自己所说："机会只青睐有准备的人。"

根据他的姓，你还可以猜出他的另一个贡献。巴斯德还发明了巴氏灭菌法，这是一种通过加热牛奶消灭其中病菌的方法。当时更著名的是，他用狂犬疫苗救了一个小男孩的命。由于这一事迹，他成了民族英雄，并利用这一名声在巴黎郊外以自己的名字开办了一个研究所，继续推进在细菌和疾病方面的革命性的工作。

并非完全巧合的是，在 20 世纪 30 年代的巴斯德研究所，科学家发现了最早的实验室药品是如何工作的。

抗生素的诞生

1935 年 12 月初，格哈德·多马克的小女儿希尔德加德在德国伍珀塔尔的家中跌跌绊绊地走下楼梯，手中拿的一根缝纫针扎进了她的手中，并在她的体内断掉了。医生把针拔了出来，但几天后，希尔德加德开始发高烧，整条手臂被严重感染。随着病情恶化，多马克自己也备受折磨，因为这种感染的常见结果就是死亡。一旦细菌开始繁殖，当时是没有任何药物可以阻止它们传播的。

除了一种药，或者说除了一种潜在的药。这其实是一种红色的工业染料，多马克一直在实验室里悄悄做试验。1932 年 12 月 20 日，他给一窝小鼠注射了 10 倍致死剂量的链球菌。他又对另一窝小鼠也做了同样的事情。90 分钟后，他给第二窝小鼠注射了工业染料百浪多息。几天后，正好是平安夜那一天，多马克回到实验室查看数据。他发现，第二窝小鼠都活着，而第一窝的小鼠都死了。

有点奇怪的是，当时的德国人认为染料会把感染了细菌的器官染成错误的颜色，从而杀死细菌。没有人知道它们到底是如何起作用的。由于这种无知，许多欧洲医生攻击德国的化学疗法，认为它在治疗感染方面不如外科手术。

甚至多马克也不太相信自己的药。小鼠实验和第一次临床试验进展顺利，但偶尔会有严重的副作用（它会让人的脸变得像龙虾一样红）。为了更大的社会利益，多马克愿意冒着病人死亡的风险做临床试验，但拿女儿冒险是另一回事。

在这种困境中，多马克发现自己面临的情况与 50 年前巴斯德在法国的经历如出一辙。当时一个年轻的母亲带着她的儿子找到巴斯德，那个男孩被一只疯狗咬得几乎走不动了。巴斯德用只在动物身上试验过的狂犬疫苗给男孩治疗，男孩活了下来。巴斯德并不是有执照的医生，如果治疗失败他就会受到刑事起诉，但他还是给男孩注射了疫苗。

如果多马克失败了，他的女儿就会死去。

随着希尔德加德的病情越来越严重，多马克想起了平安夜看到的那两窝小鼠。希尔德加德的医生宣布必须为她截肢，这时多马克决定采取行动。他几乎犯了所有的规，他从实验室里偷了一些实验化学品，开始给女儿注射这种红色的药物。

最开始，希尔德加德的病情更加恶化。在接下来的几个星期里，她的体温时而升高，时而下降。但突然之间，就在她父亲的小鼠实验整整三年之后，希尔德加德的病情稳定了下来。她活了下来，而且不必截肢。

多马克当然很兴奋，但他没有向同事提及他在希尔德加德身上进行的秘密实验，只是提到了官方的小鼠和人体的试验。但不需要听到希尔德加德的消息，他的同事就知道多马克有了一个重大的发现——第一个真正的抗菌药物。这种药物的意义再怎么夸大也不为过。在多马克的时代，即使是普通的感染，人们也没有生存的希望。但有了百浪多息后，一切都变了。

尽管百浪多息取得了成功，但没有人知道它为什么有效。百浪多息可以杀死人体和小鼠体内的细菌，但不能杀死试管中的细菌。巴斯德研究所的科学家在 1935 年开始研究百浪多息的结构，注意到这种化学物质在人体内分裂成两种不同的分子。杀死细菌的实际上是其中一种分子，叫磺胺。

虽然巴斯德研究所研究百浪多息的结构，发现了磺胺，但多马克仍然获得了 1939 年的诺贝尔生理学或医学奖，这距离他见到平安夜的小鼠实验仅仅过了 7 年。但这种药物后续的发展也不是一切顺利。多马克是为了挽救女儿的性命才信赖这种药物，但它也一度成了危险的潮流。当时，人们只要喉咙痛或鼻塞了，就需要这种药物，它很快被当成了灵丹妙药。一些想大发一笔的美国推销员利用了人们的这种无知，出售添加了防冻剂的甜味药物，这一次人们的希望变成了一个可怕的笑话。这件事导致了数百人在几周内死亡。

尽管有这些插曲，但该物质和其他含硫化合物制成的合法药物挽救了全世界数百万人的生命，因此多马克的药成了医学史上最重要的发现之一。

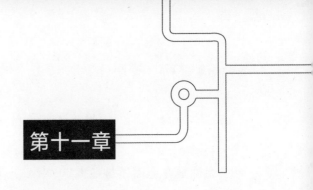

第十一章

元素也会骗人

化学已经发展了数百年，但元素仍然不断给我们带来惊喜。的确，化学家掌握了元素的许多特征，比如它们的熔点以及在地壳中的丰度。在原子层面上，元素的行为是可以预测的。但结合了生物学后，它们又会有一些奇怪的表现了。如果身体中某些错误的元素处在了错误的位置，就可能破坏我们的思维能力和感觉，并打断人体运行中某些重要的事情，比如呼吸！

NASA 和氮

1981 年 3 月 19 日，在 NASA 的卡纳维拉尔角空军基地，哥伦比亚号航天飞机工程的 5 名技术人员进入了模拟航天器的发动机上方狭窄的后舱——几秒后，他们全部倒下了。

　　无论是在地面还是在太空，NASA上一次发生死亡事件还是在1967年，当时3名航天员在阿波罗1号的测试训练中被烧死。当时，为了使航天器更轻，NASA只允许航天器中有纯氧，不允许有空气，因为空气中含有约80%的氮（即约80%的无用载重）。不幸的是，所有人（包括NASA）都知道，没有氮的纯氧是严重的火灾隐患。一些工程师担心，航天服上的魔术贴引起的静电会点燃纯氧。1967年的某一天，在一次训练中，一点不知缘由的电火花引发了爆炸，这场大火导致模拟器内的3名航天员被烧死。

　　到1981年哥伦比亚号执行任务时，NASA已经开始用不活跃的氮气（N_2）来填充所有容易产生火花的间隔区域。如果火花真的冒了出来，氮气会使火花熄灭，从而防止火灾发生。工作人员要进入充满氮气的隔间，必须戴上防毒面具，或者先把氮气抽出来，等可呼吸的空气（含有氧气）重新进入后再进入。3月19日，有人过早地解除了危险信号，不知情的技术人员就爬进了机舱。片刻之后，他们失去了意识。因为氮气不仅阻止他们的心脏细胞吸收新的氧气，还偷走了细胞为艰难时期储存的少量氧气。5个人都被救出来了，但不幸的是，其中两个人已经死了。

欺骗感官

除了控制呼吸的呼吸系统，我们的身体还有其他感官，使我们能够触摸、品尝和闻气味。我们相信自己的感官能够获取关于世界的真实信息，能够保护自己防范危险，但当我们发现自己的感官很容易被欺骗的时候，这可能有一点吓人。

你嘴里的警报感受器会在你先喝一勺汤之后，告诉你会不会烫到舌头。但奇怪的是，辣椒含有一种化学物质叫作辣椒素，它也会刺激这些感受器。薄荷能让你的嘴巴感觉凉爽，这是因为薄荷能控制感知冷的感受器，让你像被一股北极风吹过一样战栗。

元素也会同样地欺骗嗅觉和味觉。如果有人把微量的碲（52号元素）撒在了身上，几周内他都会像大蒜一样散发着恶臭。他在一个房间里待上几小时，人们就会知道他到过那里。更令人困惑的是，铍（4号元素）尝起来像糖。相比于其他营养物质，人类更需要从糖中快速获得生存所需的能量。在野外狩猎了数千年之后，你会认为人类有相当复杂的检测糖的感官。然而，铍，一种苍白的、坚硬的、不可溶解的金属，一种完全不像糖的金属，却会像糖一样刺激味蕾。

这种伪装可能只是开玩笑。小剂量的铍虽然很甜，但很快就会使人中毒，有些人还会患上急性铍中毒。这种病征是用元素周期表的方法表达"花生过敏"。即使其他人，接触铍粉后也会在肺部留下疤痕。

铍能欺骗人类，部分是因为人类的味觉非常古怪。五种味蕾中有一部分是可靠的。苦味味蕾可以检测食物，尤其是植物，从而寻找有毒的含氮化合物，比如苹果种子中的氰化物。鲜味[①]味蕾会锁定谷氨酸盐，也就是味精。谷氨酸盐有助于合成蛋白质，所以这些味蕾会提醒你去吃富含蛋白质的食物。

但是，甜味味蕾和酸味味蕾很容易被糊弄。铍欺骗了它们，某些植物浆果中的一些特殊的蛋白质也是如此。这种蛋白质叫神秘果蛋白，可以去掉食物中令人不快的酸味，而不改变其他部分的味道。因此，苹果醋尝起来就像苹果汁（没有浓烈的醋味），塔巴斯科辣酱尝起来就像普通的番茄酱（没有辛辣的灼烧感）。在分子层面，我们的味蕾张开，酸中的带电氢离子（H^+）冲进来，这时我们尝到的味道就是"酸"。

咸味味蕾也受电荷流动的影响，但仅限于某些元素上的电荷。在我们的舌头上，钠尝起来最咸，钠的化学表亲

———————
① 人的五种味觉之一，人的五种味觉分别是：酸、甜、苦、咸、鲜。

钾尝起来也很咸。这两种元素在自然界中都是以带电离子的形式（Na^+和K^+）存在。舌头探测到的主要是带电离子，而不是钠或钾。

当然，味觉很复杂，咸味并不像上一段中所说的那么简单。我们也可以品尝咸味与钠离子、钾离子相同的无用离子的味道（比如锂和铵）。而且，当钠和钾搭配其他离子时，它们的味道甚至可以是甜的或酸的。以氯化钾为例，有时，同样的分子在低浓度时尝起来很苦，但在高浓度时尝起来很咸。钾也可以使舌头罢工。植物匙羹藤的叶子中有一种化学物质叫匙羹藤酸（是一种能够降血糖的活性成分）。咀嚼匙羹藤的叶子会使舌头上的原糖尝起来像沙子。

所有这一切都表明，味觉是很糟糕的元素分类指南。无论我们的大脑多么擅长在实验室里整理化学信息或设计化学实验，我们的感官会做自认为对的事情：在碲中发现大蒜，在铍中发现糖粉。所以，谈到元素周期表，我们最好闭上嘴巴！

味觉测试

你可以在家里自己做味觉实验。在橱柜和冰箱里寻找能代表所有 5 种味道的食物：甜、酸、鲜、咸、苦，并记录你的发现。

碘的麻烦

生物体非常复杂。如果在你的血液或肝脏中随机注入一种元素，几乎没有人知道会发生什么，甚至是大脑也会受到影响。比如，我们的逻辑、智慧和判断力也会被碘（53 号元素）这样的元素迷惑。

也许这并不意外，因为碘从一开始就具有欺骗性。元素周期表上的每一行元素，都是从左到右越来越重。因此在 19 世纪 60 年代，门捷列夫说过，原子量递增是物质的普遍规律。问题在于，自然界的"普遍规律"不可以有例外，但门捷列夫很清楚，元素周期表的右下就有一个例外。碲和碘要放在元素周期表中相似元素的下面（它们应该如此），所以碲必须在碘的左边。然而，碲比碘重，不管化学家称了多少次，它始终比碘重。事实就是事实。

科学家知道，目前元素周期表中的 92 种自然元素，以及一些人造的超重元素中有 4 对元素的原子量是反过来的：氩和钾，钴和镍，碘和碲，钍和镤。但在门捷列夫提出元素周期表之后的一个世纪里，碘被卷入了一个更大的骗局。21 世纪初，印度的约十亿人口中流传着一个谣言：莫罕达斯·甘地，印度最伟大的领袖之一，他非常讨厌碘。

1930 年，甘地带领印度人发起了著名的食盐进军，一直走到了丹迪，目的是抗议英国对盐疯狂征税。在这个贫穷的国度，盐是少数能自己生产的东西之一。印度人只需要收集海水，让它蒸发，就可以把干燥的食盐拿到街上卖。英国政府对盐业征收 8.2% 的税金，这就好比因为制冰向因纽特人收费一样。

为了抗议，甘地和 79 名追随者在 3 月 12 日开始了长达 390 多千米的行走。在每个村庄都有很多人加入他们。4 月 6 日到达沿海城市丹迪时，他们组成了 3000 多米长的队列。甘地召集他的追随者举行了集会，在集会的高潮时，他捧起一把盐泥，喊道："我要用这撼动（大英）帝国的根基。"他鼓励每个人生产非法的、免税的盐，直到 17 年后印度获得独立时，所谓"普通盐"①在印度的确很普遍。

唯一的问题是，食盐的含碘量非常低，而碘对健康很重要。20 世纪初，西方国家发现，在饮食中添加碘是政府可以采取的预防先天缺陷和精神疾病的最廉价、最有效的卫生措施。继 1922 年的瑞士之后，许多国家也制定了在食盐中加入碘的法律，因为碘盐是一种廉价的、简单的提供有益元素的方法。印度医生很快意识到，在食盐中添加碘，就可以拯救数百万的儿童。

---

① 食盐的英文是"common salt"，字面意思就是"普通盐"。——译者注

但是，即便是在甘地的食盐进军多年后，盐仍然以传统的方式生产，含碘的盐仍然不受欢迎。随着碘盐对健康的益处越来越明显，随着印度的现代化，印度的一些邦政府甚至在 20 世纪 50 年代至 90 年代禁止食用普通盐。1998 年，印度联邦政府强迫剩下的三个邦禁止普通盐，这还引发了强烈的反对。

家庭经营的制盐者抗议增加的加工成本。在没有任何证据的情况下，有些人甚至担心碘盐会传播癌症、糖尿病和结核病。这些反对者疯狂地活动，联合国和印度的所有医生都吓坏了，仅仅两年后，总理就宣布撤销了联邦政府对普通盐的禁令。随后，全国碘盐的消费量下降了约13%，而先天性缺陷却增加了。

幸运的是，这一逆转只持续到了 2005 年，当时新任印度总理再次禁止了普通盐。但这并没有解决印度碘盐的问题。甘地在争论中的影响力被误解，使得印度的老年人不再信任他。尽管印度生产足够的碘盐只需要每人每年花 1 便士，但运盐的成本很高，印度约有一半的人口（在2005 年，约为 5 亿人）仍然无法定期获得碘盐。

4

元素和人性

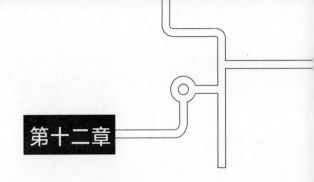

第十二章

元素和政治

元素周期表反映了我们在各个领域中的挫折和失败：经济、心理、艺术和政治。甘地和碘的故事证明了最后一点。元素不仅有科学史，还有社会史。要追溯这段历史，最好的方法可能是去看看整个欧洲，我们先从波兰这个国家开始。

波兰政治

1867 年，门捷列夫正在编制他的伟大表格。那一年，史上最著名的波兰人之一，玛利亚·斯克沃多夫斯卡出生在华沙，当时，波兰这个国家还不存在。4 年前，在波兰人尝试获得独立后，俄国控制了华沙。俄国在女性教育方面的观念有限制，所以这个女孩的父亲决定亲自教育她。

她对科学很感兴趣（也很擅长），但她也加入了一些希望波兰独立的政治团体。

斯克沃多夫斯卡因为太频繁地参加游行示威，反对她不该反对的人，所以不得不搬到另一个文化中心克拉科夫去。在这里，她也无法得到想要的科学训练。她最终搬到了遥远的巴黎的索邦。她本来打算在获得博士学位后回国，但由于爱上了皮埃尔·居里，她决定留在法国。她就是我们熟悉的居里夫人。

19世纪90年代，玛丽·居里和皮埃尔·居里开始了合作，这也许是科学史上最成功的合作。研究放射性元素（即核不稳定的元素）是当时的新领域，玛丽对最重的自然元素铀的研究也很出色。居里夫妇因为在放射性现象的研究而分享了1903年的诺贝尔物理学奖。

在法国，玛丽一直认为自己是波兰人。事实上，20世纪的难民科学家数量激增，居里夫人只是早期的一个例子。和任何人类活动一样，科学总是充满了政治。而20世纪到处都是政治和帝国扭曲了科学的例子。科学家常常埋头于实验室工作，希望他们周围的世界能像他们的方程一样能巧妙地解决问题——这是错误的想法。

在获得诺贝尔奖之后不久，居里夫人又有了一项发现。在提纯铀的实验之后，她注意到剩下的"废料"（她通常只是简单地扔掉）的放射性是铀的约 300 倍。

她和丈夫希望废料中含有未知的元素，于是开始将数千磅的沥青铀矿放在一个大锅中煮沸并搅拌。"用的是一根几乎和我一样大的铁棒。"她后来说。单调的工作持续了好几年，最后他们只得到了几克残渣来做研究。但在这几克残渣中，他们发现了两种新元素。1911 年，她再次获得了诺贝尔奖，这次是化学奖。

作为新元素的发现者，居里夫妇获得了命名权。玛丽把他们分离的第一个元素命名为钋（polonium，源自波兰的拉丁名 Polonia），以她的祖国命名。此前没有因为政治原因而命名的元素。玛丽希望她的选择可以帮助波兰争取独立。

> **其他难民科学家**
>
> 阿尔伯特·爱因斯坦：你一定知道他是谁，但你知道他是被迫逃往美国的几个德裔犹太学者之一吗？他在 1933 年来到美国后，帮助成立了一个组织，协助其他来自欧洲的难民。
>
> 恩里科·费米：这位意大利裔物理学家为了保护他的犹太妻子，于 1938 年离开了意大利，移民到美国，并加入了曼哈顿工程。他是制造原子弹的团队中众多的难民科学家之一。

但用波兰命名她的第一个元素并没有什么政治上的贡献。更糟糕的是，她发现的第二种元素镭（88 号元素）发出了惊人的绿光，并很快出现在世界各地的消费品中。人们甚至开始争相服用一种叫镭补的饮品，将其视为一种保健品。

> 莉泽·迈特纳：她是奥地利裔犹太人，为了躲避纳粹逃到瑞典。她在制造核弹的竞赛中发挥了重要作用（尽管和许多参与其中的科学家一样，后来她后悔自己对核武器的贡献）。

总的来说，镭的光芒盖过了钋，引起了居里夫人想要的那种轰动。更糟糕的是，由于烟草植物过度吸收钋，并将其集中在叶子上，所以钋与香烟引起的肺癌有关。

伊雷娜·约里奥-居里，玛丽的女儿，也曾因钋而遭受痛苦。伊雷娜和她的丈夫弗雷德里克·约里奥-居里接手了玛丽的工作，并于 1935 年获得了诺贝尔奖。不幸的是，1946 年的一天，伊雷娜实验室的一个装钋的容器爆炸，她吸入了玛丽心爱的元素钋。伊雷娜在 1956 年死于白血病，而她母亲在 22 年前也死于血液病。

具有讽刺意味的是，放射性物质已经成了至关重要的医疗工具。少量摄入时，放射性示踪剂会照亮器官和软组织，就像 X 射线能显示骨骼一样。事实上，世界各地的医院都在使用示踪剂，一个叫放射学的医学分支也在研究它。

残留物和示踪物

1910 年，就在玛丽·居里因放射性问题获得第二个诺贝尔奖之前，年轻的乔治·德海韦西来到英国，开始研究放射性。他在曼彻斯特大学的实验室主任是欧内斯特·卢瑟福。卢瑟福马上交给德海韦西一项艰难的任务：从铅板的非放射性原子中分离出放射性原子。实际上，这不能说是艰难的任务，这是根本不可能完成的任务。卢瑟福假定放射性原子"镭D"是一种独特的物质。但实际上，"镭D"就

双诺贝尔奖

玛丽·居里和她的女儿是唯一一对获得诺贝尔奖的母女（有6对父子获得过诺贝尔奖），而且她是有史以来第一个两次获得诺贝尔奖的科学家。1903 年她获得了物理学奖，1911 年她获得了化学奖。除了她，只有3个人获得过两次诺贝尔奖：

莱纳斯·鲍林：1954年（化学奖）、1962年（和平奖）。

弗雷德里克·桑格：1958年、1980年（都是化学奖）。

约翰·巴丁：1956年、1972年（都是物理学奖）。

是放射性铅，因此不可能用化学方法分离。德海韦西对此一无所知，他浪费了两年时间，徒劳地尝试把铅和"镭D"分离开来，最终他只好放弃了。

德海韦西是一位秃顶、脸颊下垂、留着小胡子的匈牙利贵族，他也面临着想念国内美食的煎熬。他离家很远，喜欢美味的匈牙利菜肴，不喜欢寄宿公寓的英国菜。德海韦西注意到菜的样式，他开始怀疑，女房东提供的每日"鲜"肉并不新鲜，就像高中食堂把周一的汉堡回收做成周四的牛肉辣椒一样。他去质问，但房东否认，所以德海韦西决定寻找证据。

大约在那个时候，他在实验室里奇迹般地取得了突破。德海韦西仍然不能分离"镭D"，但他意识到，他可以把这变成自己的优势。他开始思考这样一种可能性：把微量溶解的铅注入生物体内，从而追踪元素的路径。因为生物代谢放射性铅和非放射性铅的方式相同，所以"镭D"会在移动过程中释放出放射性指标。如果这个成功了，他就可以追踪静脉和器官内的分子，而且是以一种前所未有的清晰度。

在用活体生物做实验之前，德海韦西决定先在无生命的组织上试验他的想法，这个试验是别有用心的。有一天晚上，他拿了很多肉，当女房东转身的时候，他往肉上撒了一些"热"铅。房东像往常一样收拾了他的剩饭剩菜。第二天，德海韦西从他的实验室伙伴汉斯·盖革那里带了一个新奇的辐射探测器（盖革计数器）回家。当然，当德海韦西用它扫过那天晚上的炖菜时，盖革计数器发出了愤怒的声音：咔嗒、咔嗒、咔嗒、咔嗒。德海韦西把证据摆在女房东面前。但是，作为科学上的浪漫主义者，德海韦西在解释放射性的奥秘时，无疑把它夸大了。事实上，被一种最新的法医学工具以如此巧妙的方式抓住了把柄，女房东甚至没有生气。但没有历史记录表明她是否因此改变了菜单。

化学与物理

在 20 世纪 20 年代，化学和物理学针锋相对，大多数科学家选择了自己的立场。尼尔斯·玻尔（一位著名的物理学家）无意中展现了化学和物理学之间的裂缝，使这两门学科之间的交锋变成了真正的政治对立。

1922 年，元素周期表的 72 号元素还空着。化学家已经发现，57 号元素（镧）到 71 号元素（镥）和钇、钪都是稀土元素，但没有人能确定 72 号元素是什么。

在这个故事中，哥本哈根的玻尔基于量子力学这门新学科，想出了一个寻找元素的计划。玻尔说："关键在于 72 号元素不是稀土元素，而是一种过渡金属。"玻尔于是让德海韦西（示踪物的发现让他的事业上升，他搬到了哥本哈根）和物理学家迪尔克·科斯特研究锆（40 号元素）的样品——在元素周期表中，锆位于 72 号元素的上面，两者可能有密切的化学联系。这也许是历史上元素周期表中最简单的发现之一，德海韦西和科斯特第一次尝试就发现了 72 号元素。他们把它命名为铪（hafnium，命名源自哥本哈根的拉丁名 Hafnia）。

　　故事是这样的，但真相有点不同。在玻尔之前，至少可以追溯到 1895 年，有 3 位科学家写了论文把 72 号元素与锆等过渡金属联系起来。似乎是玻尔盗用了他们的观点。

　　然而，大多数传说已经表明，重要的不一定是真相，而是人们对故事的反应。显然，人们希望相信，玻尔只通过量子力学（归属物理学）而没有通过化学发现了铪。有些人甚至宣称，门捷列夫的化学已经消亡，取而代之的是玻尔的物理学。最开始的科学争论现在变成了关于疆域和边界的政治争论。这就是科学，这就是生活。

　　因为发现了铪，同行们提名德海韦西为 1942 年诺贝尔化学奖候选人。但关于谁最早发现了铪，他们与法国化学家乔治斯·厄本产生了争执。大多数科学家不认为厄本的工作有说服力。而且在 1924 年，欧洲仍然因为第一次世界大战而处于分裂状态。这一争执成了法国人与玻尔和德海韦西之间的争执，后面的二者被认为是德国的代表——尽管他们分别是丹麦人和匈牙利人。化学家也不信任德海韦西，因为他在化学和物理学领域拥有"双重国籍"，再加上政治上的争吵，诺贝尔奖委员会没有给他颁奖。此外，1924 年还停发了诺贝尔化学奖。

　　尽管存在不公，德海韦西仍然继续与他人合作，包括与伊雷娜·约里奥–居里。事实上，德海韦西目睹了伊雷娜犯的一个巨大的错误，这个错误使她与 20 世纪最伟大的科学发现之一失之交臂。这份荣誉属于另一个女人，她是奥地利裔犹太人，和德海韦西一样因为躲避纳粹而离开了德国。不幸的是，无论是世俗政治还是科学政治的交锋上，莉泽·迈特纳的遭遇都比德海韦西更惨。

实至名归

　　迈特纳与奥托·哈恩开始在德国合作的时候，91 号元素还没有被发现。它的发现者是波兰裔化学家卡西米尔·法扬斯，他发现该元素的原子寿命很短，所以他将其命名为"brevium"，意思是短暂。迈特纳和哈恩意识到，91号元素的大多数原子实际上已经存在了几十万年，因此"brevium"这个名字听起来很傻。他们重新给它命名为"protactinium"（镤），意思是锕（actinium，89号元素）之母——镤（最终）会变成锕。毫无疑问，法扬斯反对修改元素名。但不管怎样，"brevium"输了，"protactinium"保留了下来。迈特纳和哈恩有时会因为共同发现91号元素而受到赞誉。

然而，镤的故事还没有结束。迈特纳和哈恩继续密切合作：哈恩做化学分析，确定放射性样品中存在哪些元素；迈特纳做物理分析，为哈恩的结果找到原因。但哈恩在第一次世界大战期间忙于为德国的毒气战做研究，所以最终的镤实验全部都是由迈特纳完成的。尽管如此，她还是确保哈恩获得了这份荣誉。（记住这份情义。）

战后，他们恢复了合作关系。尽管这两场战争之间的几十年大大促进了德国的科学，但事实证明政治是可怕的。哈恩的下巴结实、胡子浓密，有着"良好的"德国血统，对于1933年纳粹上台，他没有什么好担心的。但值得赞扬的是，当希特勒迅速将所有犹太科学家赶出德国时，哈恩辞去了教授职务以示抗议。至于迈特纳，尽管她的祖父母是犹太人，但她不在乎危险，她沉浸在核物理的辉煌的新发现中。

其中最重要的发现是在 1934 年，当时恩里科·费米宣布，通过用原子粒子①轰击铀原子，他创造了第一个比铀重的人造元素。这不是真的，但对于元素周期表不再局限于 92 种元素的想法，人们非常激动。核物理的这个新想法让世界各地的科学家忙碌起来。

同一年，伊雷娜·约里奥-居里做了类似的实验。经过细致的化学分析，她宣布新的重元素与第一种稀土元素镧类似。这有点出乎意料——太出乎意料了，以至于哈恩不相信此说。他礼貌地告诉弗雷德里克·约里奥-居里，镧之间的联系是无稽之谈，他将重新做伊雷娜·约里奥-居里的实验来证明这一点。

后来在 1938 年，迈特纳因为自己的犹太血统被迫离开德国。她在瑞典避难。哈恩仍然对迈特纳很忠心，两人继续通信，甚至偶尔在哥本哈根见面。在 1938 年年底的一次见面中，哈恩有点震惊——在重复了伊雷娜·约里奥-居里的实验后，他发现了她的元素。这些元素不仅表现得像镧（以及她发现的附近的另一种元素钡），而且根据所有已知的化学测试，它们就是镧和钡（56 号元素）。

---

① 具体地说，这里是指中子。——译者注

他很困惑。

但迈特纳不困惑。她自己（后来与他的侄子兼新伙伴，物理学家奥托·弗里施讨论过）已经意识到，费米并没有发现新元素，而是发现了核裂变。他把铀分解成了更小的元素，因此误解了自己的结果。伊雷娜·约里奥-居里发现的"类镧"只不过是普通的镧。德海韦西意识到，伊雷娜·约里奥-居里离那个不可思议的发现已经很近了。但他说，伊雷娜·约里奥-居里不自信，不相信她所看到的。迈特纳很自信，而且她让哈恩相信其他人都错了。

当然，哈恩想要发表这些惊人的结果。但他和迈特纳的关系使这种行为在政治上很棘手。他们讨论了各种选择。迈特纳同意在关键论文上只署名哈恩和他的助手。但迈特纳和弗里施的贡献是这一切的前提，这后来出现在另一份杂志上。

1943 年，诺贝尔奖委员会决定奖励核裂变的发现。问题是，谁应该得奖呢？很明显应该是哈恩。但战争使瑞典成为孤岛，他们不可能就迈特纳的贡献去采访科学家求证，而这是委员会决策的重要部分。因此委员会只能依靠科学期刊——这些期刊要么迟到了几个月，要么根本没有提到迈特纳。很多期刊，尤其是德国的期刊，把迈特纳排除在这项发现之外。而且，化学与物理学之间的分歧，导致结合这两门学科的成果很难获奖。

哈恩的支持者指出，迈特纳在过去几年没有做什么"重要的"工作。这并不奇怪，因为她当时正在躲避希特勒。在诺贝尔奖委员会中，最支持迈特纳的一个人主张两人共享此项奖，并且这一主张很有可能实现，但他却意外地去世了，所以最后哈恩一个人获得了1944年的诺贝尔奖。

可耻的是，当哈恩得知自己获奖后，他并没有为迈特纳说话。结果，迈特纳一无所获，这一结局很大程度上是因为政治的影响。

诺贝尔奖委员会本可以在1946年或更晚的时候弥补这一可怕的疏忽，因为历史记录清楚地证明了迈特纳的贡献。但诺贝尔奖委员会并不热心于认错。迈特纳一生中多次被提名诺贝尔奖，但她在1968年去世时都没有获得诺贝尔奖。

幸运的是，历史有一种有趣的方式来纠正这些事情。在1970年，格伦·西博格、阿伯特·吉奥索等人以奥托·哈恩的名字来命名105号元素为"hahnium"。但在命名权的争论中，一个国际委员会在1997年把这个元素名称去掉了，改为𬭶（dubnium）。命名元素的规则很奇怪，每个名字只有一次机会——因此"hahnium"不会再成为新元素的名字。所以，诺贝尔奖是哈恩得到的全部。

　　然而，迈特纳很快就获得了一个比一年一度的诺贝尔奖奖项更专属的荣誉——109号元素现在被称为䥑（meitnerium，以迈特纳的名字来命名），而且永远如此。

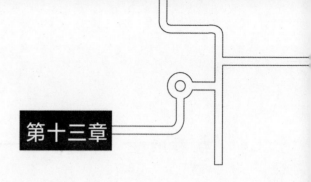

第十三章

元素和货币

　　如果说元素周期表与政治有渊源，那么它与金钱的关系就更密切了。许多金属元素的故事注定与货币的历史纠缠在一起。这也意味着它会与伪造货币的历史纠缠在一起。

　　在不同的世纪，牛、香料、海豚牙齿、盐、可可豆、香烟、甲虫腿和郁金香等都曾被当作货币使用。但这些货币没有一种能够轻易地或令人信服地伪造出来。很难制造一头假牛！金属却容易伪造。过渡金属尤其容易，因为它们有相似的化学成分和密度，也有相似的电子结构。而且它们可以混在一起，相互替代，形成一种叫合金的金属混合物。

点石成金

大约在公元前 700 年，一位名叫迈达斯的王子继承了位于今天土耳其境内的弗里吉亚王国。迈达斯有时会因为发现了锡（这不是真的，尽管锡的确在他的王国开采）和其他矿物而受到赞扬。但如果不是他那声名狼藉的点金术，今天可能没有人会记得他。他之所以会点金术，是因为他帮助了古希腊神话中不太重要的神西勒诺斯。西勒诺斯有天晚上在迈达斯的玫瑰园里晕倒了，他很感激国王的款待，因此提出给迈达斯一个奖励。迈达斯要求他碰到的任何东西都会变成金子。这是令人高兴的事情，但当他拥抱女儿的时候，他失去了女儿。他甚至几乎失去了生命，因为有一段时间，食物一碰到他的嘴唇就会变成金子。

显然，这种事不可能发生在真实的国王身上。但有证据表明，迈达斯获得传奇地位的理由很充分。这一切都可以追溯到青铜时代，青铜时代开始于公元前 3000 年左右，地点是迈达斯的邻国。青铜是锡和铜的合金。铸造青铜是当时的高科技。但说到青铜，我们需要更具体一点。它不像水，水分子总是由两个氢原子和一个氧原子结合而成的。许多不同比例的金属混合物都被称为青铜。在古代，青铜的颜色不一，这主要取决于合金中的锡、铜等元素的比例。

弗里吉亚王国附近的金属矿有一个特点，它有许多含锌的矿石。锌和锡在自然界中通常同时存在，人们很容易混淆它们。有趣的是，锌和铜混合并不会形成青铜，而会形成黄铜。已知最早的黄铜铸造厂是在迈达斯曾经统治的地方发现的。

这还不够明显吗？去找一些青铜，再找一些黄铜，仔细检查一下。你会发现，青铜是闪亮的，有淡红的铜色。你不会把它误认为是别的东西。黄铜的颜色则更像金色。迈达斯的点金术可能只是他在王国的土地上偶然"点"了一下锌而已。古希腊的旅行者可能喜欢弗里吉亚的青铜，因为它们比古希腊的青铜闪亮得多。经过一个世纪又一个世纪，他们带回家的故事在不断流传，最后就是金色的黄铜变成了真正的金子。故事也变成了迈达斯拥有传奇般的点石成金的超能力。由此可见，这个神话也是有可信的起源的。

伪造的货币

点石成金是一个无意中被欺骗的例子，在许多故意造假的例子中，这是一个十分无辜的历史时刻。在迈达斯之后的一个世纪内，最早的真正的金属货币出现在亚洲，由一种叫银金矿的银金合金铸成。后来，另一位极其富有的古代统治者克罗伊斯，他想出了把银金矿分离成银币和金币的方法，并在这个过程中建立了真正的货币体系。仅仅几十年后，约在公元前540年，古希腊萨摩斯岛的国王波利克拉特斯就开始用表面镀金的毫无价值的铅来收买斯巴达的敌人了。从那时起，造假者就开始用铅、铜、锡和铁等元素来制造假币，鱼目混珠。

如果说金属硬币的化学成分曾经对造假的骗子有利，那么在纸币时代，铕（63号元素）等金属的独特化学成分则有助于政府防范造假。这一切都是因为铕的化学性质，尤其是其原子内电子的运动。

到目前为止，我们只讨论了电子在原子之间的运动，但电子也在不断地绕着自己的原子核旋转，就像行星绕着恒星旋转一样。但电子并不是以某种惯常的方式绕原子核运动的。它们运动的轨道是特定的，每条轨道的能量也是特定的。通常第一轨道和第二轨道之间没有能级，第二轨道和第三轨道之间也没有能级，依次类推。这意味着电子只能在某个特定的轨道绕"太阳"运行。一般来讲，单个电子飞来飞去时有奇怪的形状和有趣的角度，但总是与原子核保持固定的距离。

然而，如果一个电子遇热或受到光照而获得大量的能量，它就可能从一个低能量的轨道跃迁到一个高能量的空轨道。遗憾的是，电子不能长时间保持高能量状态，它很快就会向下跃迁。当电子向上跃迁时，它获得能量；当电子向下跃迁时，它通过发光释放出这些能量。

　　电子发光的颜色取决于初始能级和最终能级的相对能量。能级较近的向下跃迁会释放出低能量的红光，能级较远的向下跃迁会释放出高能量的紫光。原子中的电子以这种方式发出的光，总是有非常具体、非常纯粹的颜色。每一种元素的壳层都有不同的能量，所以每一种元素都会释放出特有的色带。这就是罗伯特·本生用本生灯和分光镜观察到的色带。

能量如何改变一个电子的行为

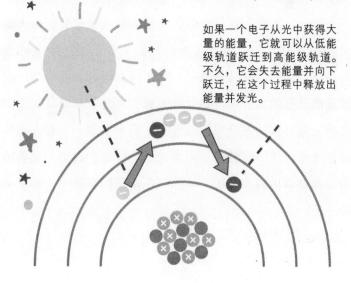

如果一个电子从光中获得大量的能量，它就可以从低能级轨道跃迁到高能级轨道。不久，它会失去能量并向下跃迁，在这个过程中释放出能量并发光。

铕可以像上面描述的那样发光，但效果不是很好。铕和其他镧系元素可以以一种不同的方式发出荧光。荧光涉及整个分子而不只是电子。荧光分子可以吸收高能量的光（紫外线），再以低能量的可见光的形式释放能量。根据附着的分子的不同，铕可以发出红光、绿光或蓝光。

欧盟在制造纸币的墨水中使用了铕（真巧！）。为了制备这种墨水，欧盟财政部的化学家在荧光染料中添加了铕离子。铕在可见光下显得黯淡，造假者可能认为自己得到了完美的复制品。但在一种特殊的激光下，防伪标识物欧洲的简图就会发出绿光，星星会变成黄色或红色，纪念碑、签名和隐藏的印章会闪耀着宝蓝色。官员们只需要寻找没有这些防伪标识的钞票，就能发现假币。

每一张纸币上其实有两张欧元：第一张是我们每天看到的那张，第二张是直接映射在第一张上面的隐藏的欧元——一个嵌入的防伪密码。如果没有经过专业培训，很难造出这种效果。铕染料使欧元成为有史以来非常复杂的货币。掺有铕的纸币当然没能阻止货币造假，只要人们还持有纸币，就不可能完全阻止造假。但是，在整个元素周期表遏制假币的斗争中，铕已经在珍贵的金属中占据了一席之地。

从珍贵到多产

以质量而论，在你能买到的元素中，最贵的元素是铑（45 号元素）。因此，为了庆祝某个乐队成员成为有史以来最成功的音乐家之一，《吉尼斯世界纪录大全》为他做了一张铑质的光盘，而不是白金唱片。但全世界利用元素周期表最快赚到最多钱的人，莫过于美国化学家查尔斯·霍尔。他用的是铝。

因为铝的光泽，它一度被归类为贵金属，就像银和铂（78 号元素），曾每盎司①达数百美元。在 19 世纪中期，一位法国人发现了在工业中提炼铝的方法，使铝可以商业化。曾经，铝的价格甚至比黄金的还高。这是因为，虽然铝是地壳中非常常见的金属（质量约为地壳的 8%，是金的数亿倍），但它从未以纯物质的形式出现过。它总是连着其他物质一同现身，通常是氧。因此，纯铝被认为是一种奇迹。

法国人曾把铝棒摆在王冠旁边，拿破仑三世在宴会上为特殊的客人保留了一套贵重的铝质餐具。不太受欢迎的客人则使用金质刀叉。在美国，政府工程师为了炫耀自己国家的工业成就，在 1884 年用一个约 2.7 千克的铝质金字

---

① 1 盎司约等于 28.34 克。——编者注

塔为华盛顿纪念碑封顶。

在近 60 年的时间里，铝一直是全世界最珍贵的金属。这个时期的铝形象很辉煌，但这很快就被一位美国化学家毁掉了。铝这种金属轻盈、强韧、迷人，在地壳中非常丰富，这让人激动不已。但没有人能找到一种简单的方法把它与氧分开。直到俄亥俄州奥柏林学院的一名叫霍尔的学生解决了这个问题。

在奥柏林学院的本科求学期间，霍尔一直致力于分离铝。他不断地失败，但每次失败都有了一些进步。最终，在 1886 年，霍尔将手工电池（当时还没有电线）中的电流通过了溶有铝化合物的液体时，电流的能量将纯金属从氧中分离了出来，以银色小块的形式聚集在了容器底部。这个方法既便宜又简单，而且操作时在大桶里和在实验室的工作台上一样好用。多年来，这一直是最抢手的化学成就，而霍尔已经找到了它。这位"铝天才"当时只有 23 岁。

霍尔的财富不是一蹴而就的。另一位化学家，法国的保罗·埃鲁，也在 1886 年偶然发现了差不多的过程。如今，霍尔和埃鲁共享了这一荣誉。1887 年，一位奥地利人发明了铝的另一种分离方法。随着竞争的加剧，霍尔很快在匹兹堡成立了后来的美国铝业公司。它是史上最成功的企业之一。

美国铝业公司的铝产量以惊人的速度增长。在1888年的头几个月，美国铝业公司每天生产约22千克铝。20年后，该公司每天生产约4万千克铝，以满足需求。当产量上升时，价格却急剧下降。在霍尔的方法产生后，他一个人的突破使铝的价格在7年内从每磅约550美元下降到约18美元。50年后，霍尔的公司将铝的价格降到了每磅约25美分。1914年霍尔去世时，他持有的美国铝业的股份价值约3000万美元（大约相当于今天的6.5亿美元）。

多亏了霍尔，铝才成为今天我们所熟知的超级普通的金属。它是制作易拉罐、棒球棒和飞机机身的基础材料。你会认为铝是世界上最珍贵的金属之一，还是世界上最多产的金属之一呢？我想这取决于你的品位。

顺便说一句，在整本书中，铝的名称我使用的都是国际上惯用的拼写"aluminium"，而不是严格意义上的美式拼写"aluminum"。这种拼写上的分歧可以追溯到19世纪早期。最初的拼写中的"ium"与当时发现的钡（barium）、镁（magnesium）、钠（sodium）和锶（strontium，38号元素）的名称是吻合的。当霍尔为他的铝的电流分离法申请专利时，他也使用了两个"i"。但在为这种闪亮的金属做广告时，他的语言就不那么严谨了。

这究竟是故意删掉了"i",还是一个简单的广告错误,人们众说纷纭。霍尔认为"aluminum"很绝妙,因为它的拼写非常接近贵重的"platinum"(铂)。他的关于铝的新金属名很快就流行起来,在经济领域中也非常受重视,以至于"aluminum"成了一种美式的拼写。毕竟,在美国,金钱至上。

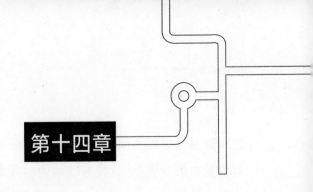

第十四章

元素与艺术

随着科学在历史上变得越来越复杂，它也变得越来越昂贵，大笔的资金开始决定科学能否、何时以及如何完成。

当然，在18世纪和19世纪，只有很少的人，主要是富有的绅士，能够负担得起一个小工作室来研究科学。因此，发现新元素的人往往来自上层社会，这并非巧合：其他人没有时间或金钱坐在一起争论一些神秘岩石的构成。

这些遍布欧洲的富裕绅士接受了大量的古典教育（古希腊文和拉丁文），许多元素的名字都指向古代神话，比如铈、钛、钽。那些看起来很有趣的名字，比如镨（59号元素）、钼和镝（66号元素），都是拉丁语和古希腊语的混合。镝（dysprosium）的意思是难以取得，因为很难把它从兄弟元素中分离出来。镨（praseodymium）的意思是绿色双胞胎，原因类似［它的孪生兄弟是钕（neodymium），意思是新的双胞胎］。稀有气体的名称大多意味着陌生的或不活跃的。

科学家接受的拉丁文和古希腊文的训练多于科学训练，这在今天看来似乎很奇怪，但在那时的几百年里，科学不是一种职业，而是一种业余爱好。当时的科学还不太依赖于数学，谁都可以自称为科学家。任何贵族都可以强行进入科学讨论中，不管他有没有接受过科学或数学训练，不管他是否合格。

其中一位贵族就是著名的德国作家约翰·沃尔夫冈·冯·歌德。在美国，他可能以诗剧《浮士德》而为人所知。许多人仍然认为他是有史以来最伟大、最有成就的德国人之一。歌德的理论对诗歌的依赖与对科学的依赖一样深。但他确实对科学——也对元素周期表——做出了持久的贡献。

德贝赖纳的三元素群组

1809 年，曾为国务大臣的歌德负责为耶拿大学化学系的一个空缺职位挑选一名科学家。在朋友的推荐下，歌德很有远见地选择了另一位约翰·沃尔夫冈——约翰·沃尔夫冈·德贝赖纳。

德贝赖纳对科学的最大贡献是受一种稀有元素锶的启发，发现了三元素群组。1790 年，几名医生在医院实验室里发现了锶。他们将其命名为锶（strontium），是因为他们研究的这种物质来自英国的一个采矿村庄斯特朗申（Strontian）。德贝赖纳在约 20 年后重拾他们的工作。他的研究重心是寻找称量元素的精确方法。锶是一种新元素，也很罕见，这是一项挑战。在歌德的鼓励下，他开始研究这种新金属的特性。

然而，在完善锶的数据时，他注意到了一些奇怪但非常有趣的事情：它的原子量正好介于钙和钡的中间。更有趣的是，锶的化学性质与钡和钙的类似。锶在某种程度上是这两种元素的混合，这两种元素一个更轻，另一个更重。

兴奋之余，德贝赖纳开始精确地称量更多的元素，寻找他称为三元素群组的三种元素。它们有氯、溴、碘，硫、硒（34 号元素）、碲等。在每种情况下，中间元素的原子量都正好落在它们的化学表亲之间。德贝赖纳确信这不是巧合，于是开始给这些元素分组，这就是我们今天所熟知的元素周期表的列。的确，50 年后构建第一张元素周期表的化学家是从德贝赖纳的柱状的列开始的。

从德贝赖纳到门捷列夫之间的 50 年都没有出现过一张元素周期表，是因为三元素群组的工作失控了。化学家没有利用锶和它的相邻元素来寻找一种普遍的排列物质的方法，而是开始发现到处都是三种元素的奇怪集合。他们失去了重点。然而，在更大的普遍的元素体系中，锶是第一个被正确放置的元素，这多亏了德贝赖纳的研究。如果没有歌德的信任和支持，德贝赖纳永远也不会明白这一切。

所以，即使歌德在自己的科学工作中表现不佳，他的作品也帮助传播了"科学是高尚的"这一理念，他推动了化学家走向元素周期表。他至少应该在科学史上获得一个荣誉地位——这可能就是他想要的。

吐温的镭

歌德并不是唯一一位影响元素周期表的伟大作家。美国超级明星作家马克·吐温则是另一位。

和歌德一样，吐温也对科学发现很着迷。他写了关于发明、技术和时空旅行等题材的短篇小说。甚至在小说《卖身于撒旦》中，他还写了元素周期表的危险。

这篇 2000 字左右的故事始于 1904 年左右的一次经济危机后不久。主角厌倦了贫穷，所以他决定把自己的灵魂卖给魔鬼撒旦。这与元素周期表又有什么关系呢？在这个故事里，撒旦完全是用镭做的！

在吐温写这篇小说的 6 年前，居里夫人用放射性元素的故事震惊了科学界。这是真正的新闻，但吐温一定非常了解科学领域，才能把所有的细节都写进《卖身于撒旦》之中。镭的放射性使它周围的空气带电，所以撒旦发出绿色的荧光。而且，镭就像是恒温的岩石，放射性使它发热，所以镭的温度总是比周围环境的要高。为了防止烧伤别人，用镭做身子的撒旦穿上了一件钋外套——钋是居里夫人发现的另一种元素。

从科学上讲，这毫无意义：一个"透明"的钋外壳，"像胶片一样薄"，不可能容纳镭超出临界质量所释放的热量。但我们会原谅吐温，因为钋有更重要的戏剧作用。这给了撒旦一个威胁别人的理由："如果我脱下外衣，世界就会在一片火花和一缕烟雾中消失，熄灭的月亮会在太空中撒下雪花般的灰烬！"

但吐温不能让魔鬼得逞。困在衣服里的镭的热量非常高，撒旦很快便承认："我在燃烧。我很痛苦。"但撇开笑话不谈，吐温在 1904 年就已经为核能的惊人能量而感到震惊。如果他能再活 40 年，当他看到人们追逐核弹而不是丰富的原子能时，他一定会失落但毫不意外地摇摇头。

吐温的故事涉及元素周期表的底部和一些新元素。但在艺术家和元素的故事中，最悲伤、最残酷的莫过于诗人罗伯特·洛厄尔和锂的冒险。锂位于元素周期表的顶部。

洛厄尔的锂

罗伯特·洛厄尔是一位典型的"疯狂艺术家"。他的天才来自他灵魂中的某一部分，这一部分是普通人无法企及的，更不用说转化为艺术成果。不幸的是，洛厄尔的疯狂不只限于诗歌之中，也常常表现在现实生活里。有一次，他气喘吁吁地出现在一个朋友的家门口，深信他自己就是圣母马利亚。还有一次，在印第安纳州的布卢明顿，他相信自己可以像耶稣一样张开双臂，让高速公路上的汽车停下来。在他授课的课堂上，他浪费了很多时间在学生的诗歌上胡言乱语和重写。19岁的时候，他抛弃了未婚妻，从波士顿开车前往一位田纳西州诗人的乡间别墅，希望这位诗人能指导他。他以为这位诗人会为他提供住宿，但这位诗人彬彬有礼地解释说，别墅的客房中没有房间了，并开玩笑说，如果洛厄尔想留下来，就得在草坪上扎营。洛厄尔点点头，去了西尔斯百货。他买了一顶帐篷，回到这所别墅，把它支在了房前的草地上。

人们喜欢这些故事，在 20 世纪 50 年代至 60 年代。洛厄尔是美国最著名的诗人，获得了许多奖项，卖出了数千本书。每个人都认为，洛厄尔的滑稽行为是疯狂艺术家应有的行为，但实际上，他是大脑中的化学物质不平衡，并因此患上了双相情感障碍。公众只看到了疯狂的人，没有看到他可怕的情绪——影响了他整个生活的情绪。幸运的是，第四章中提到过的真正的情绪稳定剂——锂，在 1967 年引入美国。绝望的刚被送进精神病院的洛厄尔此时也在尝试这种新药。

锂在人体中貌似没有必需的作用。它既不像铁或镁是必需的矿物质，也不像铬（24 号元素）是重要的微量元素。事实上，纯锂是一种非常活泼的金属（它掉进水里就会着火）。锂（它的药物形式是一种盐，叫作碳酸锂）起作用的方式也和我们的期望不一样。它不能"治愈"坏情绪，只能防止下一次坏情绪出现。

锂可以调节大脑中许多改变情绪的化学物质，其影响是十分复杂的。最有趣的是，锂似乎可以重置体内的节律，也就是生物钟。对于体内化学元素平衡的人，他们周围的环境，尤其是太阳光，决定了他们一天的心情和他们什么时候感觉疲惫。这个周期是 24 小时。双相情感障碍患者的周期与太阳光无关，而且一直在变化。当他们感觉良好时，他们的大脑就会充满幸福感，没有阳光的时候也不会关掉流淌出幸福感的水龙头。这些人几乎不需要睡眠，他们的自信会膨胀。这些情绪最终会消耗人的大脑，使人崩溃。严重的双相情感障碍患者有时会在床上一躺就是几个星期。

锂有助于调节控制人体生物钟的蛋白质。它的作用是"反阳光"，把生物钟周期重置到正常的 24 小时，防止高潮和低谷。

服用锂之后，洛厄尔立即有了好转。他的个人生活变得更加稳定，还一度宣称自己已经痊愈。当他从一种全新的、稳定的角度来回看自己的人生时，他看到了自己过去的生活多么具有破坏性。在医生开始让他服用锂之后，洛厄尔给他的出版人罗伯特·吉罗写了一张简短的字条，尽管他的诗中有那么多动人的句子，但没有哪一句比这张字条更感人的。

他写道："罗伯特，我遭受的一切痛苦，以及我造成的一切痛苦，都是因为我的脑子里少了一点盐。想到这一点，真是太可怕了。"

洛厄尔觉得锂改善了他的生活，但锂对他写作的影响存在争议。许多艺术家说，锂让他们感到镇静。毫无疑问，洛厄尔的诗歌也在 1967 年后发生了变化。他不再从疯狂的头脑中创造诗句，而是从私人信件中窃取词句，这也激怒了被他引用的人。

洛厄尔的这些作品在 1974 年获得了普利策文学奖。但相比于他年轻时的作品，他此时的作品在今天已经几乎无人问津，也不被认为是他最好的诗歌。元素周期表启发了歌德、吐温等人，但洛厄尔的锂能维持他的健康，同时也可能损害了他的艺术，使他从疯狂的天才变成了普通人。

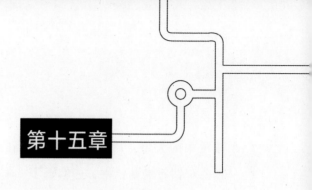

第十五章

一种疯狂的元素

　　罗伯特·洛厄尔可能被认为是疯狂的艺术家，那么什么是疯狂的科学家呢？研究元素周期表的那些疯狂的科学家通常会陷入一种特殊的疯狂，即病态科学。病态科学是一种奇怪的疯狂：有些现象在理性的和有逻辑的科学家看来通常是非常不可能的，但不知道为什么，疯狂的科学家会被这种现象吸引，然后利用自己的所有科学知识和技能试图证明这是对的。最令人着迷的地方在于，这种疯狂与才华存在于同一个大脑中。

唯灵论和硒

　　威廉·克鲁克斯 1832 年出生于伦敦。与本书中的许多其他科学家不同，他从未在大学里工作过。他是家中 16

163

个孩子中的大哥，后来又成为 10 个孩子的父亲。他写了一本关于钻石的畅销书，还编辑了一本叫《化学新闻》的科学杂志，以此来维持这个庞大的家庭。尽管如此，克鲁克斯还是在研究硒和铊等元素方面取得了世界级的成就，并在 1863 年以 31 岁的年龄入选了英国顶级科学俱乐部——英国皇家学会。

但在 10 年后，他几乎被学会除名了。

他的堕落始于 1867 年，当时他的弟弟菲利普在海上去世了。克鲁克斯和家里的所有人几乎都悲痛欲绝。为了寻求安慰，他求助于新近流行的唯灵论。唯灵论运动中的一部分是说你可以在一个叫降神会的集会上与死者交流。克鲁克斯很想和去世的弟弟取得联系。

这种古怪的行为使克鲁克斯成为英国皇家学会中为数不多的异类。知道这一点后，克鲁克斯隐瞒了自己的信仰。1870 年，当他宣布自己起草了一份关于唯灵论的科学研究报告时，英国皇家学会的大多数成员都很高兴，他们认为克鲁克斯在他的杂志中彻底推翻了唯灵论。

但事情并不是这样发展的，1874 年，克鲁克斯在他拥有的杂志《科学季刊》上发表了一篇论文，题目是《对所谓唯灵现象的探究笔记》。他没有抨击唯灵论者的恶作剧——"悬浮"、"幽灵"、"震声"、"夜光"和"桌子椅子凭空升起"等。他的结论是，存在一些"真正的"超自然力量。

　　克鲁克斯的支持让每个英国人都感到惊讶，甚至包括唯灵论者本身。克鲁克斯在英国皇家学会的同事也很惊讶，但更感到不安。他们认为克鲁克斯被诡计蒙蔽了双眼，被漂亮的灵媒欺骗了。他们也痛斥他在报告中提到的不可靠的科学。一些科学家至今也不能原谅他，他们甚至把他在元素方面的工作作为他疯了的证据。这又是为什么呢?

　　因为，克鲁克斯之前研究过硒。虽然硒对所有动物都是一种必需的微量营养物质，但摄入大剂量的硒是有毒的。牧场主很清楚这一点。如果不留心，他们的牛可能会找到一种叫疯草的豌豆科草原植物，有些疯草品种可以吸收土壤中的硒。那些吃了疯草的牛会开始步履蹒跚，出现发烧、溃疡和厌食等一系列体征。这种病也被称为蹒跚病。硒确实会令牛发疯，最确定的迹象是，尽管有可怕的副作用，牛还是会对疯草上瘾，同时不再吃别的东西。总而言之，"selenium"（硒）的名称源自古希腊语中的"selene"，意思是"moon"（月亮），而拉丁语中"luna"（月亮），可以联想到"lunatic"（疯子）或"lunacy"（精神失常）。

鉴于此，将克鲁克斯的妄想归咎于硒可能是有道理的。但一些不愉快的事实打消了这种怀疑。硒中毒通常是在一周内发作，但克鲁克斯是在中年时才变得愚笨的，那时他已经很久不与硒打交道了。此外，许多生物化学家现在也认为，疯草中的其他化学物质也同样导致了牛的疯狂和中毒。最后，一个有力的线索表明硒对克鲁克斯没有影响：他的胡子没有脱落——胡须脱落是硒中毒的典型反应。

满脸胡须也表明克鲁克斯的疯狂不是因为元素周期表中的另一种有毒元素——"投毒者的毒药"铊。克鲁克斯在28岁时发现了铊（这一发现确保了他被选入英国皇家学会），并在实验室里持续研究了10年。但他显然没有吸入太多，不足以使胡须脱落。1874年之后，克鲁克斯实际上放弃了他的唯灵论思想，重新献身于科学，重大发现就在他的眼前。他是第一个提出同位素（中子数不同的同一种原子）存在的人。他建造了重要的新的科学设备，确认了岩石中存在氦——这是地球上首次发现氦。1897年，这位新获爵位的威廉勋爵投身于放射性研究，并在1900年发现了97号元素镆（尽管他自己没有意识到）。

因此，克鲁克斯被卷入唯灵论的最好解释是，他弟弟的死让他过于悲伤，是病态科学让他迷惑，而不是硒或铊让他发疯。

鲨鱼牙

病态科学利用了研究者的谨慎。本质上，它的信徒利用证据的模糊性作为证据——他们声称，由于科学家并非无所不知，所以他们的宠物理论[①]也有空间。锰（25 号元素）和巨齿鲨的发现就是如此。

这个故事要从 1873 年讲起，当时挑战者号科考船从英国出发去探索太平洋。在一个技术含量很低的装置中，船员们把巨大的水桶绑在约 4830 米长的绳子上，扔下船，开始挖掘海底。除了奇异的鱼等生物，他们还打捞出了几十个形状像土豆化石的球形岩石和矿化的固态"冰激凌蛋筒"。这些大块的物质主要是锰，出现在海床的各个部分，这意味着有无数的锰分散在世界各地。

这是第一个惊喜。第二个惊喜是，工作人员打开"冰激凌蛋筒"，发现锰附着在这个巨大的鲨鱼牙周围。目前全世界最大、最怪异的鲨鱼牙可能达到约 6.35 厘米长。但这些覆盖着锰的牙齿长达约 12.7 厘米——这种牙能像斧

[①] 宠物理论指提出者偏爱的理论，无论对错。——译者注

头一样粉碎骨头。古生物学家运用研究恐龙化石的基本技术，断定（仅凭牙齿！）这种被称为巨齿鲨的远古鲨鱼身长约 15 米，体重约 50 吨，每小时能游大约 80 千米。它们能以相当于百万吨的力量合上嘴里的约 250 颗牙齿，它们主要以热带浅水中的原始鲸为食。当它们的猎物迁徙到较冷、较深的水域时，它们可能就灭绝了，因为它们旺盛的新陈代谢和贪婪的胃口不能适应那种环境。

到目前为止，这些都是细致的科学。"病态"出在锰身上。鲨鱼牙散落在海底，因为它们是已知的最坚硬的生物物质之一，是鲨鱼尸体唯一能在深海挤压中保留下来的部分（鲨鱼的大部分骨骼是软骨）。锰只是溶解在海洋中的众多金属中的一种，科学家还不确定为什么锰会覆盖着鲨鱼的牙齿，但大致知道它们的积累速度：每千年 0.5 毫米至 1.5 毫米。根据这个速度，他们确定，发现的绝大多数牙齿可以追溯到至少 1500 万年前，这意味着巨齿鲨可能在那个时期灭绝了。

但是，一些巨齿鲨的牙齿有神秘的锰质的薄菌斑，大约有 1.1 万年的历史——有些人就是从这里找到了突破口。从进化的角度看，这是个非常短的时间。而且，真的，谁能说科学家不会很快就找到一颗 1 万年前的牙齿呢？或者 8000 年前的呢？或者更晚时间的呢？

你可以看到这种想法引发了什么结果。20 世纪 60 年代，一些类似于90年代《侏罗纪公园》狂热影迷的人开始相信，凶猛的巨齿鲨仍然潜伏在海底。"巨齿鲨还活着！"他们高喊着。就像关于UFO（不明飞行物）和51区①的谣言一样，这个传说一直都存在。最常见的说法是，巨齿鲨已经进化到能在深海中潜水，正在漆黑的深海里与挪威海怪②搏斗。就像克鲁克斯的幽灵一样，巨齿鲨被认为是难以捉摸的——当人们追问巨齿鲨为何如此稀少时，这个解释给了人们一个好用的借口。

每一个活着的人都在内心深处希望巨齿鲨仍然在海洋里出没。遗憾的是，这个想法经不起推敲。除了种种理由，几乎可以肯定的是，这些有着薄薄锰层的牙齿是从海底的旧基岩上撕下来的（那里无法积累锰），直到最近才接触到水。它们可能比1.1万年要古老得多。虽然有目击者描述了怪兽，但都是来自水手——水手是声名狼藉的说书人。故事中巨齿鲨，大小和形状发生了疯狂的变化。像是一条浑身洁白、身长90多米的白鲸！（有趣的是，没有人想到拍一张照片。）总的来说，这些故事就像克鲁克

---

① 51区是美国内华达州的一个空军基地，因为与UFO阴谋论的关系而闻名。现在已经被关闭了。——译者注

② 挪威海怪是北欧神话中的海怪，出没于挪威和冰岛近海。现代科学认为这可能是某种章鱼。——译者注

斯关于超自然力量的证词一样，都是主观的解释，没有客观的证据，不可能因此得出结论，说少数的巨齿鲨逃脱了进化的陷阱。

正在进行的寻找巨齿鲨的行动之所以是病态的，是因为公共机构的怀疑只会加深这些人的信念。他们不去反驳锰的发现，而是引用一些推翻守旧派科学家的英勇故事来反击。他们总是会提到腔棘鱼，这是一种原始的深海鱼，曾被认为在8000万年前就灭绝了，直到1938年它出现在南非的鱼市上。这里的逻辑是，因为科学家对腔棘鱼的看法是错的，所以他们对巨齿鲨的看法可能也是错的。巨齿鲨爱好者需要的就是这种"可能"。他们之所以相信巨齿鲨活着，不是因为大量的证据，而是因为一种情感上的依恋——希望并需要这些奇妙的事情成真。

伦琴射线

当然，并不是每一个有点疯狂的科学家最后都会沉浸在病态科学中。有些人逃了出来，比如克鲁克斯，他们继续做着伟大的工作。还有一些罕见的案例，最开始看起来也像病态科学，但最后被证明是真正的科学！

威廉·伦琴用看不见的射线做实验，试图证明自己是错的，但他失败了。

1895 年 11 月，伦琴在德国中部的实验室里摆弄着克鲁克斯管，这是研究亚原子现象的一种重要的新工具。克鲁克斯管是以发明者（你知道他是谁）的名字来命名的，它是一个真空玻璃管，两端各有一块金属板。在金属板之间通电，就会有一束光跃过真空，发出类似于特效实验室中的噼啪声。科学家现在知道了它是一束电子，但在 1895 年，伦琴和其他人一直试图弄清楚这一点。

伦琴的一位同事发现，在制作克鲁克斯管时，如果他在玻璃上安一个小铝箔窗口，光束会穿过铝箔进入空气。它很快就会消失——空气对光来说就像毒药，但光能照亮几英寸①外的绿色荧光屏。伦琴在 1895 年重复了这个实验，但做了一些改动。他没有让克鲁克斯管暴露在外面，而是用黑纸盖住它，这样光束就只能通过金属箔窗逃逸。他没有使用同事的荧光物质，而是用一种钡化合物涂在金属板上。

每一次都会发生不同的事情，但基本上每次他打开电流，就会有一块钡板发光。更疯狂的是，不只是克鲁克斯管附近的钡板会发光，整个实验室的钡板都会发光！

---

① 1 英寸约等于 2.54 厘米。——编者注

　　伦琴确定，没有光线从遮黑的克鲁克斯管中逃出来。他一直坐在黑暗的实验室里，所以不可能是阳光造成了这一切。但他也知道，克鲁克斯管中逃逸的光束无法在空气中存在很长时间，不可能跳到实验室外的钡板上。他后来承认，他当时认为这是幻觉——原因肯定是克鲁克斯管出了问题，但他不知道有什么东西能够穿过一张黑纸。这是一个谜。

　　所以伦琴继续做实验。他支起一块钡涂层的屏幕，把手边最近的东西，比如一本书，放在克鲁克斯管旁边阻挡光束。令他惊讶的是，屏幕上出现了他用作书签的钥匙的轮廓。不知道为什么，他能够透视了。最像巫术的时刻是，当他举起一样东西时，他看到了自己的手骨出现在了屏幕上！至此，伦琴认为自己已经完全疯了！但实际上，他发现了X射线。

　　有趣的是，伦琴并没有直接下结论，说他发现了一些全新的东西，而是假设他在某个地方犯了错。他感到很尴尬，决心证明自己是错的，于是把自己关在了实验室里7天。他解雇了助手，心不在焉地吃饭，大口地嚼着食物，嘴里嘟囔着，但不与家人说话。和克鲁克斯不一样，伦琴试图将自己的发现与已知的物理学联系起来。他不想发动一场革命，也不想声称自己发现了新的东西。他甚至努力证明自己是错的。尽管他心存疑虑，但克鲁克斯管每次都点亮了钡板。

一天下午，他带着妻子来到实验室，把她的手暴露在X射线下。当妻子看到自己的骨头时，她吓坏了，以为这是死亡的预兆。在那之后，她拒绝再回到闹鬼的实验室，但她的反应让伦琴如释重负，这证明一切不是他的幻觉。

这时，伦琴公布了他的"伦琴射线"。自然，人们很怀疑他，就像怀疑克鲁克斯一样。但是，伦琴一直保持着耐心和谦逊，每次有人反对，他都会反驳说，他已经研究过这种可能性了。一直到同事们不再反对为止。病态科学的故事通常很严肃，但也有令人振奋的一面。

科学家对新观点可能会很残酷。我们可以想象到他们会问："威廉，什么样的'神秘光束'能够穿过黑色的纸，还能够照亮你体内的骨头？无稽之谈！"但当他用可靠的证据和可重复的实验予以回击时，大多数人都抛弃了自己的旧观念，转而接受了他的新观点。伦琴一生都只是普通的教授，却成了所有科学家的英雄。1901 年，他获得了第一个诺贝尔物理学奖。1913 年，物理学家亨利·莫斯莱用他的电子枪和一些X射线探测器彻底改变了元素周期表的研究。2004 年，为了纪念伦琴，111 号元素被命名为铊。

5

元素科学的
今天和明天

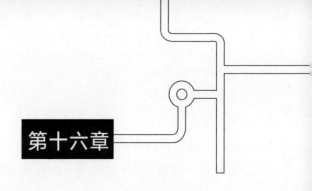

第十六章

零摄氏度以下的化学

伦琴提醒着科学家，元素周期表充满了惊喜。即使在今天，也总有关于元素的新发现。但在伦琴的时代，大多数简单的发现都已经完成了，想要有新的发现就必须采取极端的措施。科学家不得不把这些元素放在极端寒冷的条件下，这可能会导致元素出现一些奇怪的行为。但对于发现者而言，极寒的天气并不总是有用的。

冷和锡

在 1911 年之前，还没有人类到达过南极点。探险家为此展开了一场史诗般的竞赛，要比一比谁先到达南极点，这也让我们了解到一个有启示意义的故事：化学在极端温度下可能会出错。

即使以南极点的平均气温标准来衡量，那一年也是非常冷的。但罗伯特·法尔肯·斯科特率领的一队英国人心意已决，要成为最早到达南极点的人。

1912年1月，在斯科特的领导下，他们5个人徒步几个月穿过冰雪，到达南极点时，却发现了一顶帐篷、一面挪威国旗和一封令人恼火的友好信件。斯科特团队输给了挪威探险家罗尔德·阿蒙森，阿蒙森的探险队在一个月之前到达。斯科特在日记中写道："伟大的神啊！这是一个可怕的地方。现在必须赶紧回家，同时与绝望做斗争。我不确定我们能否做到。"

总之，斯科特及其团队的返程异常艰苦，南极给他们带来了尽可能的惩罚和骚扰。有几个星期，他们被困在季风带来的小雪中。他们的日记后来被发现，里面记载着他们面临的饥饿、坏血病（维生素C缺乏征）、脱水、失温和坏疽等困境。但更糟糕的是没有东西可以取暖。

斯科特一年前曾穿越北极，发现煤油罐上的封皮很容易发生泄露。他经常因此损失约一半的煤油。在前往南极点的徒步中，他的团队尝试用熔化的锡来密封煤油罐。但在回程途中，他的队员找到预留在原地的煤油罐时，发现许多都是空的。雪上加霜的是，煤油经常泄露到食物上并污染食物。

缺少煤油，他们无法做饭，也无法融冰取水。其中一个人生病死了，另一个人在极寒中疯了，与队伍走散了。最后3个人，包括斯科特在内，选择继续前进。1912年3月下旬，他们在距离英军基地约17.7千米的地方死亡。

在当时，斯科特非常受欢迎，尤其是在英国。当英国人听到他去世的消息时都非常悲痛，因此，人们总是试图为他开脱，元素周期表为此提供了一个好用的借口。

斯科特用来密封燃料罐的锡，从《圣经》中的时代以来就一直是一种珍贵的金属，因为它很容易成型。具有讽刺意味的是，人们在提纯锡方面做得越好，它在日常使用中就会越差。当纯锡制成的工具、货币或玩具冷却时，金属表面就会出现白色的"锈"。然后这种白色的"锈"会弱化和腐蚀锡，直到它被侵蚀和瓦解。

不同于铁锈，锡的"锈"不是一种化学反应。科学家现在已经知道，这是因为固体锡的原子有两种排列方式。当它冷却时，锡会从坚硬的"β锡"转变成白色的、易碎的、粉末状的"α锡"。

为了形象化地说明这种差异，想象一下原子像橘子一样堆积在一个巨大的货箱中。箱子的底部铺了一层橘子。要填满第二层、第三层、第四层，你可以把上一层的每个橘子放在第一层每个橘子的正上方，这是一种形式，或者叫晶体结构。或者，你也可以把第二层的橘子放在第一层橘子之间的空隙里，然后把第三层的橘子放在第二层橘子之间的空隙里，依次类推。这就得到了第二种晶体结构，它与前一种有完全不同的密度和性质。有很多方法可以把橘子打包在一起，这只是其中的两种。事实证明，原子的排列原理与此是一模一样的。

斯科特的队员发现，元素的原子可以从脆弱的晶格结构转变成坚硬的晶格结构，反之亦然。这种重排顺序通常只发生在极端条件下，就像极端的温度和压力可以把碳从黑色的石墨变成闪亮的钻石一样。不幸的是，锡在13.3℃以下时就会发生变化。即使在10月凉爽的夜晚，气温也会使这一过程发生。较低的温度能极大地加速这一过程。任何微小的金属表面创伤（比如煤油罐被扔到坚冰上留下的凹痕）都可以加速这种变化。因此，情况变得更糟了。

这种情况有时被称为锡疫，因为它像一种疾病一样深入金属内部。"β-α转变"释放出的能量甚至可以发出声音——是的，你可以听到金属的呻吟。这有时被称为锡叫，尽管在现实中它更像是静电放电声。

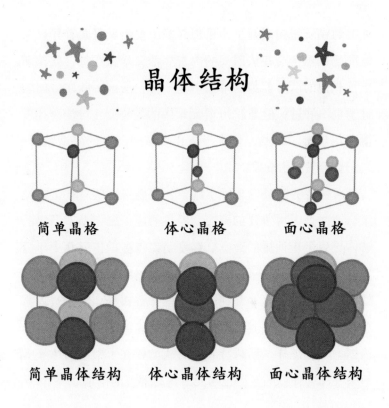

晶体结构

简单晶格　　　　体心晶格　　　　面心晶格

简单晶体结构　　体心晶体结构　　面心晶体结构

在历史上，锡的"β-α转变"一直是个好用的化学上的替罪羊。许多冬季寒冷的欧洲城市（如俄罗斯的圣彼得堡）流传着这样的传说：一旦风琴手按下琴键，教堂新风琴上昂贵的锡管就会爆炸成灰烬。

然后是拿破仑一世。他在1812年6月愚蠢地攻击俄国，在几个月后的严寒中，他们不得不撤退。据说士兵夹克上的锡质纽扣裂开了（尽管许多历史学家对此有异议）。每次起风时，这些法国人的内衣裤都会暴露在外。就像斯科特和他的队员面临的可怕情况一样，法国军队在俄国的日子也不好过。但是，50 号元素锡的结构变化可能会让事情更加艰难。因此，相比于指责拿破仑一世的决策错误，人们更容易指责化学。

斯科特的队员发现了空罐子，他们把这些写在了日记里，这些是无可争议的事实。但目前还不确定是不是锡的解体导致了煤油罐的泄露。锡疫是说得通的，但几十年后发现的其他队伍的罐子密封完好。斯科特的确使用了更纯的锡，可能必须是非常纯的锡才能导致锡疫。除了被人蓄意破坏之外找不到其他合理的解释了。因为也没有谋杀的证据。不管怎样，斯科特和他的队员死在了南极的冰天雪地中，加害他们的至少也与元素锡有部分的干系。

排列原子

当物质冷却，从一种状态转变成另一种状态时，奇怪的事情就会发生。你可能知道物质的三种常见状态：固态、液态和气态。物质还有一些在学校里很少获得关注的状态，比如等离子体、超流体和简并物质等，它们都具有独特的性质。（你可能也想知道，为什么果冻不算一种特殊的状态。答案是：果冻之类的胶体是两种状态的混合物。水和明胶混合而成的状态，可以被认为是非常柔韧的固体，或者非常黏稠的液体。）

关键在于，相比于我们能想象到的固态、液态和气态的简单分类，宇宙中能包含更多的物质状态及粒子的不同排列方式。1924 年，爱因斯坦在摆弄一些量子力学方程时发现了一种新的物质状态[①]。1995 年有人真的获得了这种状态。

在某些方面，固态是物质最基本的状态。在固体中，原子以重复的三维结构排列，即使最普通的固体，通常也能形成一种以上的晶体。科学家现在可以利用高压室把冰塑造成 15 种不同的晶体。有些冰不会漂浮在水中，而是沉在水底。有些冰不是六边形的雪花，而是棕榈叶或花椰菜的形状。一种名为 "Ice X" 的外星冰要到约 2037℃ 才会融化。即使是巧克力这样的不纯净的复杂化合物也会形成奇怪的结构，可以像锡一样改变形状。你是否打开过放了很久的巧克力，发现表面有一层白色的霜？它只是糖或可可脂，但我们可以称之为巧克力病，其原因也和斯科特在南极的锡中所发生的 "β-α 转变" 一样。

---

① 指玻色——爱因斯坦凝聚态。——编者注

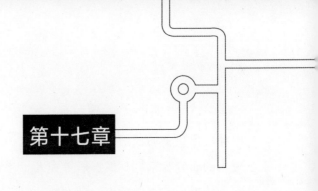

第十七章

泡泡科学

在科学的许多领域中，泡泡都被证明是有用的。但直到 1900 年左右，泡泡科学才成为一个受重视的领域。然而，对此有贡献的欧内斯特·卢瑟福和开尔文勋爵（威廉·汤姆森）却并不清楚他们的工作会给这个世界带来什么。

起泡的灵感

1895 年，卢瑟福从新西兰来到剑桥大学，开始投身于放射性的研究。在科学史上，也许没有人比他更擅长通过实验来揭示大自然的秘密了。最好的例子就是他优雅地解开了一种元素如何转变成另一种元素的谜题。

从英国的剑桥搬到了加拿大的蒙特利尔之后，卢瑟福开始感兴趣的一个问题是：放射性物质如何在附近的空气中释放出更多的放射性。为了研究这一点，卢瑟福以居里夫人的研究为基础。根据居里夫人（和其他一些人）的说法，放射性元素释放出一种"纯放射性"的气体，使空气带电，就像灯泡能使空气中充满光一样。卢瑟福怀疑这种"纯放射性"的气体实际上是一种未知的气体元素，这种元素本身具有放射性。

为了研究他的理论，卢瑟福让大自然为他工作。他让一个放射性金属的样品在一个封闭的容器内衰变，然后把气体泡泡吸入一个倒置的烧杯中。就这样，他获得了实验需要的放射性物质。卢瑟福和他的实验搭档弗雷德里克·索迪很快证明了这种放射性气泡其实是一种新元素——氡。倒置的烧杯中的样品体积减小的比例和氡样品体积增大的比例完全相同，因此他们意识到，这个过程实际上是一种元素变成了另一种元素。

卢瑟福和索迪不仅发现了一种新元素，而且还发现，随着元素的衰变，它们可以在周期表上跳跃，甚至可以在周期表的方格之间滑动。从一种元素到另一种元素的变化叫嬗变。它很振奋人心，但也带来了一个问题。科学界花了大量的时间和精力来驳斥那些声称能把铅变成金的化学魔法师——炼金术士，现在卢瑟福和索迪却说，是的，这似乎是可能的！

卢瑟福把从放射性原子中飞出去的小颗粒命名为 α 粒子。（他也发现了 β 粒子。）他怀疑 α 粒子实际上就是从"沸腾的液体"中分裂出来并逃逸的氦原子。为了验证这个想法，卢瑟福准备了两个玻璃容器。一个玻璃容器像肥皂泡一样薄，他往里面注入氡，另一个玻璃容器更厚、更大，包围着第一个。α 粒子肯定有足够的能量穿过第一个薄玻璃容器，但不能穿过第二个厚玻璃容器，所以它们被困在两个壳之间的真空中。

头几天，这个实验并不是很有效，因为被捕获的 α 粒子是无色的，什么也看不出来。但卢瑟福用电池的电流给这个空腔通电。如果你去过东京或纽约，见过指示牌，就会知道他会发现什么。和所有的稀有气体一样，氦在被电激发时会发光，卢瑟福的神秘粒子发出了氦特有的绿光和黄光。卢瑟福利用早期的霓虹灯发光的原理证明了 α 粒子就是逃逸的氦原子。

在 1908 年诺贝尔奖的获奖演说中，卢瑟福公布了 α 粒子与氦的联系。（卢瑟福不但自己获奖了，还指导和培养了 11 位未来的获奖者。其中最后一位是在 1978 年获奖，也就是他去世 40 多年后。）卢瑟福后来也成为科学上的王者，他在元素周期表上有自己名字命名的元素的格子——104 号元素铲。

化学有故事

开尔文勋爵的长久影响

开尔文勋爵推广了泡泡科学，他是这样说的：他可能要花一辈子的时间来研究一个肥皂泡。这实际上是一个谎言，因为根据他的实验室笔记，他只是在一个慵懒的早晨在床上提出了泡泡研究的大纲，并就此写了一篇简短的论文。不过，这其中还是有一些有趣的故事，故事讲述了这个白胡子的维多利亚人在盛满水和甘油的盆里戏水，制造出一连串相连的方形泡泡。

开尔文的研究将启发未来的泡泡科学。在1917年的重要著作《生长和形态》中，生物学家达西·汤普森把开尔文关于气泡形成的观点应用在细胞发育中。现代细胞生物学领域的探究由此开始。而且，最近的生物化学研究结果表明，气泡可能是生命诞生的原因。最早的复杂有机分子可能不是像人们通常认为的那样形成于海洋，而是在类似于北极的冰层的气泡中。水很重，当它结冰时，它会把溶解在气泡中的"杂质"（比如有机分子）压在一起。这些气泡的浓度和压缩程度可能足以将这些分子融合成活细胞。

开尔文的研究也启发了军事科学。第一次世界大战期间，瑞利勋爵接手了处理及研究战时的一个紧急问题：为什么潜艇螺旋桨会解体，甚至是在船体其余部分完好无损的情况下？研究结果表明，螺旋桨旋转产生的气泡会反过来击打螺旋桨的金属叶片，就像糖攻击牙齿一样，最终击溃对方。

最近，对替代能源①感兴趣的物理学家用泡泡模拟超导体。病理学家将艾滋病（AIDS）病毒描述为一种"泡沫"病毒，因为受感染的细胞在"爆炸"前会膨胀。昆虫学家（研究昆虫的科学家）知道昆虫把气泡当成潜水器用于水下呼吸。鸟类学家（研究鸟类的科学家）知道孔雀羽毛中的金属光泽来自羽毛中的微型气泡能够折射分散阳光。最重要的是，在食品科学领域，2008 年，阿巴拉契亚州立大学的学生终于确定了为什么往健怡可乐中放曼妥思会引起爆炸——是泡沫惹的祸。因为曼妥思的颗粒状表面就像一张网，能够抓住可乐中的小气泡，这些小气泡结合起来形成更大的气泡。最后，当几个巨大的气泡破裂了，瓶内的物质就会像火箭一样往上升，嗖的一下穿过瓶子的喷嘴，把液体混合物喷得近 6 米高。显然，这一发现也是泡泡科学最伟大的时刻。

---

① 指能够替代当前广泛使用的矿产燃料的能源，如水能、太阳能、核能等。——编者注

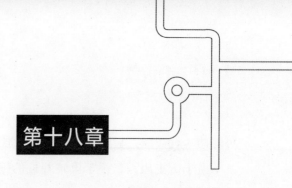

第十八章

精密到"荒唐"的工具

一些科学家和科学课老师可能会对精确度要求非常高。如果你的答案四舍五入小数点后第六位出了错，他们可能会扣你的分。他们可能会穿着印着元素周期表图案的T恤，坚持纠正那些把"质量"说成了"重量"的人。他们可能会要求每个人，包括他们自己，在搅拌糖水时一定要戴上护目镜。现在，试着想象一个更挑剔的，甚至是这些科学家都会讨厌的人——那就是在标准计量局工作的人。

维持测量

大多数国家都有标准计量局，其工作就是计量一切。对于在标准计量局工作的科学家，测量不只是让科学成为可能的一种实践，它本身就是一门科学。

由于历史原因，位于巴黎郊外的国际计量局（BIPM）是其他所有标准计量局的"总店"，它确保所有的"加盟店"都保持一致。国际计量局的一项更古怪的工作是保管国际千克原器——全世界的官方千克。这是一个直径与高度都为 39.17 毫米，含 90% 铂的圆柱体，根据定义，它的质量正好是 1.000 000……千克（小数点后多少位都可以）。我想说那大约是 2 磅[①]，但我会为自己的不精确而感到内疚。

国际千克原器是一种物理实体，因此可能受损。因为"1 千克"的定义必须保持不变，所以国际计量局必须确保它不会被剐蹭，永远不吸附尘埃，永远不失去一个电子。（BIPM 希望如此！）所以，他们持续检测国际千克原器的温度和压强，防止微观的变化和压力破坏掉哪怕一个原子。国际千克原器的材料是高密度的铂和铱（77 号元素），并尽量减少了它暴露在脏空气中的表面积。铂的导电性也很好，这一特性可以减少静电的积聚，静电可能会摧毁一些游离的原子。

最后，在实际需要把手放在国际千克原器上的时候，

---

① 2 磅约等于 0.907 千克。——编者注

铂的韧性有助于防止人为造成的灾难性的指甲划痕。其他国家也需要自己官方的 1.000 000……千克圆柱，从而避免在每次需要精确称重的时候都必须飞到巴黎。而且，因为国际千克原器是标准，每个国家的复制品都需要和它做比较。（通过比较来确保所有事情完全正确的过程叫校准。）美国有自己的国家千克原器，叫作 K20（即第 20 个复制品），保存在马里兰州的一栋政府大楼里。

通常，国际计量局使用国际千克原器的 6 个官方复制品中的一个（每个都保存在钟形容器下）来校准复制品。但官方复制品必须和它自己的标准（原件）进行比较，所以每隔几年，科学家就会把原件从保险库里取出来（当然是使用钳子和橡胶手套，并且不能握太久，因为人的体温会把它加热，那就麻烦了），并校准校准器。令人担忧的是，在 20 世纪 90 年代的校准中，科学家注意到，即使考虑到人在接触国际千克原器时擦去的原子，它在过去几十年里损失的质量已经相当于一个指纹！即每年半微克。没有人知道导致损失的原因。

人们试图使国际千克原器保持理想状态，但这种失败使人担忧。最好的情况是我们能彻底摆脱圆柱。17 世纪以来，科学家的大部分进步都归功于人类并非宇宙中心的观点。千克是科学中用于测量的 7 个基本单位之一。（其他 6

个分别是安培、坎德拉、米、开尔文、摩尔和秒。）我们不能再接受这些单位中的任何一个是基于人类制造的铂铱圆柱之类的物体，尤其是如果它会神秘地缩小。千克难题已经在国际上引发了越来越多的担忧和尴尬。（至少那些以担忧这些事情为生的人会感到担忧。）

这些单位测的是什么？

科学家用 7 个基本单位来测量我们周围世界的事物。

安培：电流

坎德拉：发光强度

米：长度

开尔文：热力学温度

摩尔：物质的量

秒：时间

干克：质量

因为千克是最后一个与物理实体相关的基本单位，所以更让人痛苦。在 20 世纪的大部分时间里，巴黎的一根铂棒被定义为 1.000 000…… 米，直到 1960 年科学家用氪原子重新定义了米，把 1 米修正为：氪-86 原子发出的红橙光波长的 1 650 763.73 倍。这个距离几乎与旧棒的长度相同，这意味着可以废弃旧棒了，因为氪光的许多波长可以在任意地方的真空中延伸相同的距离，而不必担心涉及物理实体。因此，计量学家已经重新定义了 1 米，即光在真空中 1/299 792 458 秒传播的距离。

同样地，1 秒的官方定义曾经是地球自转一圈的

1/86 400（1 天的时长是 86 400 秒）。但一些讨厌的事实使这个数字成为不可靠的标准。最重要的是，由于海洋潮汐的运动拖慢了地球的旋转，一天的长度正在缓慢增加。为了纠正这一现象，每隔 3 年，计量学家就会在 12 月 31 日的午夜设置一个闰秒，通常没有人会注意到此事。所以美国国家标准与技术研究院开发了铯原子钟来定义秒。

　　原子钟的运行原理是我们之前讨论过的激发态电子的跃迁。激发态电子的每一个上下跃迁的周期都是完全相同的（极短的）时间，所以原子钟可以简单地通过计算电子移动时释放的光线来测量时间。

　　事实证明，在原子钟里使用 55 号元素铯很方便，因为它只有一个电子暴露在最外层，附近没有电子干扰。铯原子的外层电子速度很快。不是每秒几十次或几千次，而是每秒 9 192 631 770 个来回。因此，它发出 9 192 631 770 次滴答声所用的时间已经被定为 1 秒的官方标准。

变化的常数

　　科学家喜爱常数。电子的电荷、引力的强度、光的速度，无论是什么实验，无论在什么环境，这些值都不会改变。否则，科学家将不得不抛弃"精确性"，正是这种

"精确性"把"硬"科学与经济学等社会科学区分开来。人类的行为（和人类的愚蠢）使社会科学中不可能有颠扑不破的"普遍定律"。

对科学家来说，最有趣的是基本常数。显然，如果我们突然决定米应该变长，或者千克应该变小，那么你的身高、体重或者其他数值都会改变。但基本常数不依赖于测量。

最著名的基本常数是精细结构常数，它与电子有关。简而言之，它控制着原子内部的所有过程。事实上，在大爆炸之后，如果 α（即科学家所说的精细结构常数）稍微小一点，恒星核聚变就不会有足够的能量来产生碳。如果 α 稍微大一点，所有的碳原子在进入我们体内之前就已经分解了。为什么它不会变得太大或太小？物理学家理查德·费曼说过："物理学最大的谜团之一是：人类无法理解的神奇数字找到了我们。也许是'上帝之手'写了这个数字，但我们不知道他是如何使用铅笔的。"

从历史上看，这并没有阻止人们试图计算出精细结构常数的数值。英国天文学家亚瑟·爱丁顿对 α 非常着迷。爱丁顿相信一些数字具有超自然的意义。20 世纪初，在测得 α 约为 1/136 之后，爱丁顿开始编造"证据"，证明 α 正好等于 1/136，这部分是因为他发现 136 和 666 之间存在数学联系。(666 又称兽名数目①，是一个与魔鬼有关的数字。)后来的测量表明，α 更接近 1/137，但爱丁顿只是简单地在公式中的某个地方加了个"1"，然后继续运算。因此人们叫他亚瑟·爱加一爵士。

今天，α 的数值约等于 1/137.035 997 650，这个值使元素周期表成为可能。它使原子存在，也使原子以足够的能量进行反应，从而形成化合物，因为电子既不会离原子核太远，也不会离得太近。这种恰到好处的平衡使许多科学家得出结论，宇宙不可能全凭巧合地确定精细结构常数。那些喜欢神学（研究宗教）胜过喜欢科学的人说，是造物主设计了宇宙，创造了分子，以及生命。所以，1976年发生了一件大事：当时的苏联科学家（后是美国科学家）亚历山大·斯利亚赫特在访问非洲国家加蓬共和国的奥克洛地区时，宣布 α 正在变大。

奥克洛是目前已知的唯一一个天然的核反应堆。它在大约 17 亿年前被激活，当法国人在 1972 年发现这个地点时，它顿时在科学界引起了轰动。除了铀、水和蓝细菌，没有别的能量驱动奥克洛。真的。奥克洛附近的一条河里

---

① 这个概念源自《圣经》。《启示录》第 13 章记载，兽从海中来到地面，人类为这些兽打上印记，其中有智慧的兽的数目是"666"。在西方文化中，这个数字有不祥的含义。——译者注

的藻类在进行光合作用时产生了过量的氧气。氧气使水变酸，当它通过松散的土壤流向地下时，地下岩石中的铀被溶解了。铀集中在一个地方，达到了临界质量，而水帮助其减缓了中子的分裂速度，足以使核裂变发生。

当然，核裂变也会产生热量。奥克洛没有在今天的非洲烧出一个大洞，是因为当铀变热的时候，它把水都煮干了。没有水，这个过程就会暂停。只有当铀冷却下来，水才会重新流入，从而重启核反应堆——周而复始。

如果确认这些事情发生在约 17 亿年前，那科学家是如何计算出来的呢？当然是用元素来测算的。元素在地壳中充分混合，所以不同的同位素在各个地方应该有相同的比例。在奥克洛，铀 235 的浓度比正常情况下低 0.003% 至 0.3%，这是一个巨大的差异。除了一项观测，还要观测很多无用的元素，比如钕（60 号元素）。钕主要有 3 种偶数同位素，相对原子质量分别是 142、144 和 146。铀的核裂变反应堆产生钕的奇数同位素的速度比正常时要快。事实上，当科学家分析奥克洛的钕并减去天然的钕时，他们发现这里的核"特征"与现代人造的核反应堆竟然相符——实在是令人惊讶啊。

然而，虽然钕元素吻合，但其他元素并不吻合。1976年，当斯利亚赫特把奥克洛的核废料与现代的核废料进行比较时，发现某些类型的钐少了太多。这本身并不惊人。

但是，类似于钐的元素并不是没有形成。缺失的钐提醒斯利亚赫特，有什么东西不对劲儿。他计算了一下，如果奥克洛在核反应时的精细结构常数比现在的稍微小一点点，那么这些差异就很容易解释了。问题在于，α 是一个基本常数。根据物理学定义，它不能改变。

由于事关重大，1976 年以来，许多科学家对 α 和奥克洛之间的联系提出了质疑。他们测量到的变化很微小。在约 17 亿年后，似乎不太可能有人用奥克洛的数据来证明关于 α 的任何东西。但是，再次强调，永远不要低估抛出一个想法的价值。斯利亚赫特关于钐的工作激发了几十位雄心勃勃的物理学家的胃口，他们想打破旧的理论，而研究变化的常数则是现在一个非常活跃的领域。

其他人在哪里

我们已经在一种很糟糕的情况下认识了恩里科·费米，他发现了一种他实际上并没有发现的元素，并因此获得了诺贝尔奖。但不应该仅仅因此就对他给予负面的评价。科学家大多非常喜爱费米。100 号元素镄还是以他的名字来命名的，他的思维能力非常强。他和同事一起开科学会议时，他们偶尔需要跑到办公室去查方程，往往等他们回来的时候，费米因为等不及了，就已经从头推导出了整个方程，还得出了他们想要的答案。

然而，即使是费米，也无法绕过一个简单的问题。如前所述，许多哲学家惊叹宇宙的微妙，宇宙似乎是经过设计后创造生命的，因为如今的某些基本常数有一个"完美"的值。此外，科学家长期以来一直认为地球并不特别。鉴于这种平凡性，以及恒星和行星的无限数量，加上大爆炸以来经历过的所有时间，宇宙确实应该存在大量的生命。然而，我们不仅没有遇到过外星生物，甚至连招呼也没有打过。有一天午餐时，费米正在思考这些矛盾的事实，他向同事喊道："那么其他人在哪里？"他似乎在期待一个答案。

这个问题现在叫作费米悖论，当时他的同事听了大笑不已。但是，其他科学家认真地对待了费米的问题，他们相信真的可以得到一个答案。最著名的尝试是在 1961 年，当时的天体物理学家法兰克·德雷克提出了德雷克方程。简而言之，这是一系列的猜想：银河系中有多少颗恒星，其中多少拥有类地行星，这些类地行星中有多少拥有智慧生命，这些生命中有多少想要与其他生命接触，等等。德雷克最初计算出，银河系中存在 10 个这样的文明。但是这只是猜测。在地球上，我们如何能计算出有百分之几的外星人想和我们聊天？

　　尽管如此，德雷克方程还是很重要：他概述了天文学家需要收集哪些数据，他把天体生物学建立在科学的基础上。也许有一天，我们会像回顾早期排列元素周期表的尝试一样回顾它。随着最近望远镜等测量设备的巨大改进，天体物理学家有了工具来做出发现，而不只是猜测。事实上，哈伯空间望远镜等设备已经从非常少的数据中收集了非常多的信息，所以天体生物学家现在可以比德雷克做得更好。我们不需要等待外星智慧生命来寻找我们。相反，我们可以通过搜寻镁等元素来作为衡量生命的直接证据。

　　虽然，镁对生命的重要性比不上氧和碳，但12号元素镁对原生生物来说非常重要，它可以把有机分子转变成真正的生命形式。几乎所有的生命形式都需要少量的金属元素来创造、储存或移动内部的能量分子。动物在血红蛋白中使用的是铁，但最早和最成功的生命形式，特别是蓝细菌，则是使用镁来驱动光合作用的。光合作用就是把阳光转化为糖，这是食物链的基础。这个过程中的关键分子是叶绿素，而叶绿素的核心是镁离子。

　　行星上的镁还表明液态水的存在，这是生命存在的另一种关键物质。镁化合物可以吸收水，因此即使在火星这样光秃秃的岩质行星上，我们也有希望找到细菌。在有水的世界，比如在木星的卫星木卫二上，镁有助于保持海洋的流动性。木卫二有冰冷的外壳，但它下面有巨大的液态海洋，卫星传回的证据表明，这些海洋中可能充满了镁盐。镁化合物（和其他化合物）可以提供构建生命的原始材料。在一个光秃秃的没有空气的行星上探测到镁盐是一个很好的迹象，这表明那里也许有一些生命形式。

寻找外星生命的工作已经变得越来越复杂，但它仍然是依赖于一个巨大的假设：我们在地球上研究的科学在其他星系里也成立，而且在其他时间也成立。但如果 α 随时间变化，也许当 α "放宽"到足以形成稳定的碳原子时，生命就能毫不费力地萌芽了，而且不需要任何造物主。一些物理学家借用了爱因斯坦的理论，认为 α 随时间而变化可能意味着 α 也随空间而变化。根据这一理论，正如生命诞生在地球上而不是月球上，是因为地球上有水和氧气，也许生命诞生在这么一个不起眼的空间地带的一颗随机的行星上，是因为这里的 α 正好能够稳定原子，形成分子。这可能才是费米悖论的答案：没有人来找我们，是因为没有人在那里。

天文学家现在了解了成千上万颗行星，因此在其他地方发现生命的概率相当大。然而，天体物理学的伟大辩论将决定地球和人类是否在宇宙中具有特殊地位。寻找外星生命需要我们的所有测量天才，可能还会用到元素周期表上一些被忽视的格子。

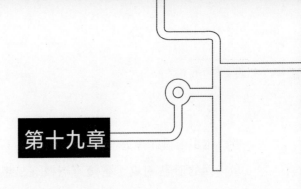

第十九章

元素周期表之外

元素周期表的最后还有一个谜题。高放射性元素非常稀少，所以你可能认为容易分解的元素也是最稀少的。这种元素就是 87 号元素——超易碎的钫，它确实非常罕见。然而，还有一种元素更为罕见。为了解释这一点，我们必须探索核物理学家所说的稳定岛。这或许是他们将元素周期表扩展到现有规模之上的最好的或唯一的希望。

稳定岛

我们知道，宇宙中大约 90% 的粒子是氢，另外大约 10% 是氦。其他的粒子，包括质量达六十万亿亿吨的地球，与之相比都是微不足道的。就拿这六十万亿亿吨来说，在所有自然元素里，最稀有的砹（85 号元素）的质量约为 28 克。只有 28 克！

为了让你对这个量级有点概念，想象一下，你在一个巨大的停车场里要寻找一辆特定的汽车，而你完全不知道它的位置。然后想象一下，你要走过每一排、穿过每一层、越过每个车位，来寻找你的车。如果要模拟在地球上寻找砹原子，那么这个停车场必须得有大约 1 亿个车位那么宽，有 1 亿行，还有 1 亿层高。

砹是如此的稀少，那么自然会有人问，科学家是如何找到它的。答案是，科学家动了一点手脚。早期地球上存在的所有的砹都已经通过放射性衰变消失了，但其他放射性元素在分裂出 α 粒子或 β 粒子时有时会衰变成砹。只要知道母元素（通常是靠近铀的元素）的相对原子质量，并通过一些计算，科学家就可以大体确定有多少砹原子了。这对其他元素也适用。例如，在任意时间，元素周期表上砹的近邻——钫——至少有 560~850 克。

奇怪的是，虽然砹比钫更稀有，但它却更稳定。如果你有 100 万个寿命最长的砹的同位素原子，其中一半会在 400 分钟内衰变。而一个类似的钫样品只能坚持 20 分钟。钫如此脆弱，基本上是无用的。而且科学家永远不可能收集到足够的钫原子来制作一个可见的样品。如果他们做到了，那么这些钫所具有的强烈的放射性就会立即杀死他们。最有可能的是，也没有人会制作出可见的砹样品。但砹至少有一些好处——能作为在医疗上快速反应的放射性同位素。

砹和钫之间的奇特关系始于它们的原子核。在所有的原子核中，都有两种力在相互竞争，它们是强相互作用（总是吸引力）和静电力（可以是吸引力，但如果都是正电荷或都是负电荷，就可以是排斥力）。强相互作用是自然界四种基本作用力中最强大的一种，但它只在极短的距离内发挥作用。如果粒子之间的距离超过几万亿分之一英寸，强相互作用就会失效。在这个距离以内（比如在核内），它能使质子和中子结合在一起，防止带正电的质子之间的排斥力使原子核分解。

当原子核达到砹和钫的这么大时，强相互作用就很难把所有的质子和中子固定在一起了。因为钫有 87 个质子，所有质子都不愿意相互接触。它的 130 多个中子帮助其防止正电荷分离，但它们也大大增加了钫的体积，导致强相互作用无法触及整个原子核。因此，钫极不稳定。砹也是如此。

由此，你可能认为，质子越多（在原子序数大于 87 的元素中），原子越不稳定。事实的确如此——至少基本上如此。但有一个问题。20 世纪 40 年代末，玛丽亚·格佩特-梅耶提出了一个关于长寿的幻数元素的理论——质子数或中子数为2、8、20、28等数的原子非常稳定。其他的原子数或中子数，比如92，也会形成相当稳定的原子核。这就是为什么铀比砹或钫更稳定——尽管铀更重。你在元素周期表上逐个元素往下移动，会发现它们通常会变得越来越不稳定，但也有一些例外，因为一种力占了上风，然后还有另一种力。

在理论上，幻数可以无限延伸。事实证明，铀之后还有一个半稳定的元素，114号元素铁。同样奇怪的是，镉和铊等元素也比较稳定（至少在理论上），因为它们的质子数接近114。如此看来，接近幻数似乎也是有用的。科学家开始把这组元素称为稳定岛。

87号元素钫位于82号幻数元素铅与92号有点稳定的元素铀之间。但钫不仅是最不稳定的自然元素，它还比104号之前的所有元素都更不稳定。

不过，钫的含量还是比砹多。为什么呢？因为铀附近的许多放射性元素在蜕变时正好衰变成了钫，但钫不会进行正常的 α 衰变，即把自己转变成砹（通过失去两个质子），而是在 99.9% 的情况下进行 β 衰变，变成了镭。

然后，镭经历了一系列 α 衰变，跳过了砹。换句话说，许多衰变原子的路径导致了这些原子短暂地变成了钫，因此它有 560~850 克。同时，钫与砹来回变换，导致砹仍然很稀少。

那么稳定岛呢？化学家是否会制造出高幻数的元素，这是值得怀疑的。但在 2012 年，114 号元素被确定并命名为铁，所以也许他们可以制造出稳定的 126 号元素，并以此为起点。也许，140 几、160 几和 180 几的元素也是有可能的。如果是这样，稳定岛就会形成一串岛链。

令人激动的是，这些新元素并不是已知元素的"加重版"，而是会有一些奇怪和奇妙的新性质。

重新想象元素周期表

如果这一切成真，那么印在每本化学书后面的标准的"城堡加塔楼"的表格，就只是一种可能的元素排列方式了——也许未来会有新的表格形式。我们的祖辈在成长过程中看到的大多是完全不同的表格，只有 8 列宽，看起来更像日历，所有过渡金属都挤在半个空格里，就像某些被笨拙排列的月份，不幸的 30 日和 31 日挤在了一起。有几个人甚至把镧系元素放在了表格的主体，造成了拥挤和混乱。

没有人想过多给过渡金属一点空间，直到格伦·西博格和他的同事在 20 世纪 30 年代末至 60 年代初彻底改造了整个元素周期表。他们不仅仅增加了元素,还意识到,像锕这样的元素并不符合元素周期表的成长计划。

锕是赋予现代版元素周期表形状的关键性元素,因为西博格和他的同事决定将当时已知的所有重元素(即现在的锕系)放在表格的底部。在移动这些元素时,他们决定也给过渡金属更多的空间,他们在表格中增加了 10 列,而不是把它们塞进三角形中。这个蓝图非常有意义,许多人都在模仿西博格。这种模仿花费了一段时间,直到 20 世纪 70 年代,"周期日历"终于变成了现在的"周期城堡"。

但谁说这就是理想的形状呢?从门捷列夫时代开始,柱子状就一直占据着主导地位,但门捷列夫本人设计了 30 多种不同的元素周期表。到 20 世纪 70 年代时,科学家已经对元素周期表进行了 700 多种尝试。一些化学家对氢和氦大动干戈,把它们丢到不同的柱子里。有一个巧妙的现代版的元素周期表看起来像一个蜂窝,它每个六边形的空格都以氢为中心向外螺旋式延伸,越来越宽。另一个版本的元素周期表中心有一个氢"太阳",其他所有元素都像卫星一样绕着它运行。有些人把元素周期表绘制成螺旋线,就像我们的 DNA 一样,或者让元素周期表中的行与列连在一起，缠绕在纸上。我们甚至不必把元素周期表限制在二维中。

但毫无疑问，最终是西博格的表格将主导未来几代人的化学课。他的表由"城堡加塔楼"组成，以及底部像护城河一样的镧系和锕系元素。这是个易于制作和易于学习的组合。但遗憾的是，更多的教科书出版商并没有想要平衡一下西博格的表格，去加入一些更怪异的周期表排列方式：3D图像在页面上起伏不平，使遥远的元素彼此靠近，当你最终看到它们挨在一起时，你可以想象它们有某种联系。

我非常希望我能捐1000美元给一些非营利性组织，支持他们以任何理念来排列新的元素周期表。现有的元素周期表已经很好地为我们服务了，但重新想象和重新构建元素周期表对人类也非常重要。

真正的普遍性

如果外星人曾经在地球上逗留，我们不能保证可以跟他们交流，也不能向他们解释我们的社会——他们能理解爱、宗教、尊重、家庭、和平等概念吗？也许他们唯一能掌握的是 π 这样的数和元素周期表的性质。我希望他们对我们排列这些性质的独创性方法有深刻的印象。也许，只是也许，他们能在我们的收藏中看到一些熟悉的形状。

重申一次，井然有序的"城堡加塔楼"设计奇妙、形态整洁，到目前为止已经给我们提供了很好的帮助。它已经解开了很多科学问题，从恒星到巨大的鲨鱼牙，从医学到天然的核反应堆。而且在人类社会和科学探索领域，仍然有新的发现。元素周期表是化学、物理学和生物学等众多领域探索与发现的基础，它是我们所知道的少数几个真正具有普遍性的东西，甚至是外星生命也会理解的东西。但元素周期表也是一个非常人性化的东西，是我们倾注了许多激情和痴迷的宝库。我一直对我们设法到达这里的努力感到惊奇。

H [1] 氢 1.008								
Li [3] 锂 6.941	Be [4] 铍 9.012							
Na [11] 钠 22.990	Mg [12] 镁 24.305							
K [19] 钾 39.098	Ca [20] 钙 40.078	Sc [21] 钪 44.956	Ti [22] 钛 47.867	V [23] 钒 50.942	Cr [24] 铬 51.996	Mn [25] 锰 54.938	Fe [26] 铁 55.845	C 5
Rb [37] 铷 85.468	Sr [38] 锶 87.621	Y [39] 钇 88.906	Zr [40] 锆 91.224	Nb [41] 铌 92.906	Mo [42] 钼 95.942	Tc [43] 锝 98.906	Ru [44] 钌 101.072	R 102
Cs [55] 铯 132.905	Ba [56] 钡 137.328	57-71 镧系	Hf [72] 铪 178.492	Ta [73] 钽 180.948	W [74] 钨 183.841	Re [75] 铼 186.207	Os [76] 锇 190.233	I 192
Fr [87] 钫 (223)	Ra [88] 镭 (226)	89-103 锕系	Rf [104] 𬬻 (267)	Db [105] 𬭊 (268)	Sg [106] 𬭳 (271)	Bh [107] 𬭛 (270)	Hs [108] 𬭶 (277)	M

La [57] 镧 138.905	Ce [58] 铈 140.116	Pr [59] 镨 140.908	Nd [60] 钕 144.242	Pm [61] 钷 145.000	S 150
Ac [89] 锕 227.030	Th [90] 钍 232.040	Pa [91] 镤 231.040	U [92] 铀 238.029	Np [93] 镎 (237)	P

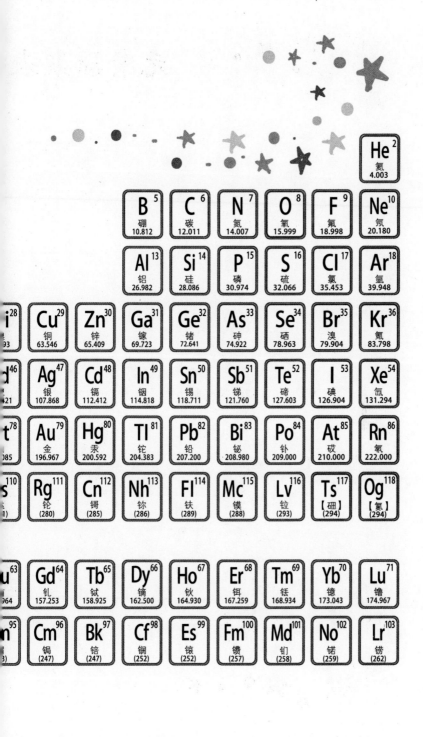

He² 氦 4.003

| B⁵ 硼 10.812 | C⁶ 碳 12.011 | N⁷ 氮 14.007 | O⁸ 氧 15.999 | F⁹ 氟 18.998 | Ne¹⁰ 氖 20.180 |

| Al¹³ 铝 26.982 | Si¹⁴ 硅 28.086 | P¹⁵ 磷 30.974 | S¹⁶ 硫 32.066 | Cl¹⁷ 氯 35.453 | Ar¹⁸ 氩 39.948 |

| Cu²⁹ 铜 63.546 | Zn³⁰ 锌 65.409 | Ga³¹ 镓 69.723 | Ge³² 锗 72.641 | As³³ 砷 74.922 | Se³⁴ 硒 78.963 | Br³⁵ 溴 79.904 | Kr³⁶ 氪 83.798 |

| Ag⁴⁷ 银 107.868 | Cd⁴⁸ 镉 112.412 | In⁴⁹ 铟 114.818 | Sn⁵⁰ 锡 118.711 | Sb⁵¹ 锑 121.760 | Te⁵² 碲 127.603 | I⁵³ 碘 126.904 | Xe⁵⁴ 氙 131.294 |

| Au⁷⁹ 金 196.967 | Hg⁸⁰ 汞 200.592 | Tl⁸¹ 铊 204.383 | Pb⁸² 铅 207.200 | Bi⁸³ 铋 208.980 | Po⁸⁴ 钋 209.000 | At⁸⁵ 砹 210.000 | Rn⁸⁶ 氡 222.000 |

| Rg¹¹¹ 轮 (280) | Cn¹¹² 鿔 (285) | Nh¹¹³ 鿭 (286) | Fl¹¹⁴ 铁 (289) | Mc¹¹⁵ 镆 (288) | Lv¹¹⁶ 𬭩 (293) | Ts¹¹⁷ 【石田】 (294) | Og¹¹⁸ 【气奥】 (294) |

| Gd⁶⁴ 钆 157.253 | Tb⁶⁵ 铽 158.925 | Dy⁶⁶ 镝 162.500 | Ho⁶⁷ 钬 164.930 | Er⁶⁸ 铒 167.259 | Tm⁶⁹ 铥 168.934 | Yb⁷⁰ 镱 173.043 | Lu⁷¹ 镥 174.967 |

| Cm⁹⁶ 锔 (247) | Bk⁹⁷ 锫 (247) | Cf⁹⁸ 锎 (252) | Es⁹⁹ 锿 (252) | Fm¹⁰⁰ 镄 (257) | Md¹⁰¹ 钔 (258) | No¹⁰² 锘 (259) | Lr¹⁰³ 铹 (262) |

致谢

　　写作《化学有故事》是改变了我生活的一次经历，我很高兴能把元素周期表的所有魔力带给年轻读者。我认为最有价值的事情，就是为下一代揭开元素周期表的奥秘。但是，如果没有许多人的辛劳和奉献，就不会有这本书。首先，我要感谢这个版本的编辑法琳·雅各布斯，她看到了这本书对年轻读者的影响力，并从一开始就对写作进行指导。没有她的宝贵建议，就不会有这本书。我还要感谢改编者阿德里安·丁格尔和凯尔西·肯尼迪，他们精心地修改和创作了文本，使元素周期表重新变得生动起来。不必说，我要再次感谢小布朗出版社的了不起的设计师使这本书变得生动，也要感谢使我免于犯错的所有文字编辑。最后，我要感谢我自己的小读者——我的侄女佩妮和侄子哈里。

山姆·基恩

词汇表

碱金属（Alkali metal）：元素周期表第中IA族除氢以外的元素。

合金（Alloy）：一种金属元素与其他金属或非金属元素熔合而成的具有金属特性的物质。

原子（Atom）：物质结构的一个层次，保持化学性质不变的最小单元。由质子、中子和电子组成，原子构成分子。

原子序数（Atomic number）：数值上等于一个元素的质子数，它决定了元素的性质和它在元素周期表中的位置。

原子量（Atomic weight）：各种元素的相对质量。

生物学（Biology）：研究生命现象和生物活动规律的学科。

化学（Chemistry）：研究物质的发现与合成、组成、结构、性质及其变化规律的学科。

化合物（Compound）：由两种或两种以上元素的原子

或离子组合而成的物质，例如H_2O或CO_2。

脱氧核糖核酸（DNA）：核酸的一类。因分子中含有脱氧核糖而得名。

电子（Electron）：原子内的一种带负电的粒子，是最早发现的粒子。

元素（Element）：不能通过一般的化学反应分解或改变的物质，元素周期表中的一个方格表示一种元素。

卤素（Halogen）：元素周期表中VIIA族（卤族）元素的总称。

离子（Ion）：一种带电的粒子，可以带正电也可以带负电。

同位素（Isotope）：原子序数相同但原子量不同的同种元素的原子。换句话说，质子数相同但中子数不同的原子。

分子（Molecule）：两个或多个原子结合成的粒子，是一种物质中能够独立存在并保持该物质所有化学特性的最小微粒。

中子（Neutron）：一种原子核内不带电荷的粒子。

稀有气体（Noble gas）：因为已经有了必需的电子，因而倾向于不与其他元素发生反应的元素，位于元素周期表的第18列。

原子核（Nucleus）：原子中带正电的核心，由质子和中子组成，在化学反应中不发生变化。

粒子（Particle）：比原子核小的基本物质构成单位。如质子或电子。

物理学（Physics）：研究物质的基本性质及其最一般的运动规律，以及物质的基本结构和基本相互作用等的科学。

质子（Proton）：原子核中的带正电的粒子。

量子力学（Quantum mechanics）：研究物质世界微观粒子的运动规律的一门物理学分支学科。

放射性元素（Radioactive element）：其所有同位素都具有放射性的元素。

嬗变（Transmutation）：一种元素通过核反应或核衰变转变成一种或几种其他元素的过程。